やさしくわかる!

# 文系のための東大の先生が教える銀河宇宙



監修
田村元秀
東京大学大学院教授

# はじめに

**天文学は医学とならんで古い学問といわれています。もちろん，最初は生活に必要な「暦」を編むためのものでしたが，今や地球をこえたすべての宇宙が研究対象になっています。**ビッグバン，ブラックホール，暗黒物質，太陽系外惑星といったような言葉は聞いたことがある方も多いでしょう。

**1609年にガリレオ・ガリレイが望遠鏡で宇宙を眺めたのを端緒として，現代の天文学者は口径が8〜10mもある巨大地上望遠鏡や，地球から遠くはなれた宇宙望遠鏡を駆使して宇宙の謎に迫っています。その結果，近くは別の星を周回する惑星，遠くは宇宙が始まって間もないころの銀河の姿をとらえています。**

この本は，現代天文学のホットトピックのひとつである「銀河」の世界をわかりやすく解説したものになっています。私たち人類のホームというべき天の川銀河の最新の描像，お隣さんの銀河たち，宇宙をかたちづくる巨大な構造，目に見えないダークマターやダークエネルギーなどがわかりやすいイラストとともに解説されています。

天文学は，東京大学では主に理学部天文学科・理学系研究科天文学教室が教育・研究をになっています。**理学の中でも天文学は文系の人にも取っ付きやすい分野だと思います。とりわけ銀河の壮麗な姿はそれだけでも多くの人を惹き付けます。この本を手に取られた皆さんも，機会があれば夜空を見上げて，途方もなく広大な銀河宇宙に思いを馳せてみてはいかがでしょうか。**

監修
東京大学大学院理学系研究科教授
田村元秀

# 目次

## 1時間目 私たちが暮らす天の川銀河

STEP 1

### 太陽系は天の川銀河の中にある

私たちは，天の川銀河の中に住んでいる ................................ 14
私たちが住む天の川銀河の構造................................................ 18
天の川は，星たちの集団を内側から見た姿だった ..................... 26
宇宙は天の川銀河の外にも広がっていた ................................ 30
偉人伝① 天文学者に転身し，銀河の謎にせまった音楽家，
ウィリアム・ハーシェル ................................................ 38

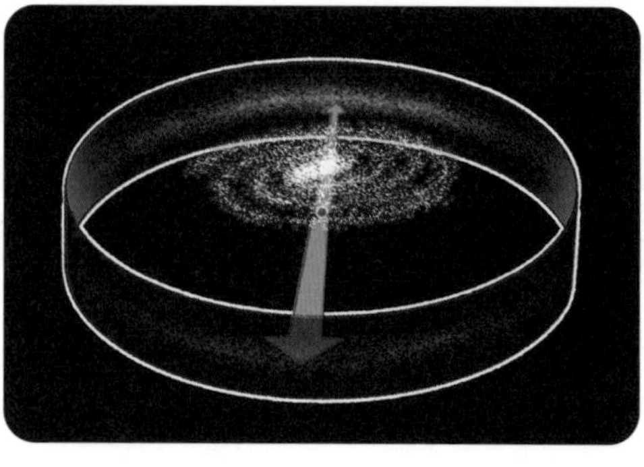

STEP 2

## 天の川銀河の姿を見てみよう

いろいろある銀河の形 ................................ 40

天の川銀河は本当に円盤型なのか!? ................................ 44

天の川銀河の大きさはよくわからない!? ................................ 52

銀河の渦巻模様「腕」って何? ................................ 54

腕の中ではたくさんの天体が生まれている ................................ 59

天の川銀河の中心は「棒」 ................................ 62

天の川銀河の断面図を見てみよう ................................ 66

天の川銀河はゆるくたわんでいる ................................ 68

見えない何かが銀河を包み込んでいる ................................ 76

# 2 時間目 天の川銀河をつくる天体たち

STEP 1

## 天の川銀河の中で輝く無数の星たち


肉眼では天の川全体の2500万分の1の星しか見えない .......... 82

夜空に見える88の星座 .......................................................... 86

星座をつくる星たちの距離はばらばら...................................... 90

黄道12星座をつくる星たちの位置を確認しよう....................... 94

星座の形は，どんどん変わる .................................................. 97

隣の恒星に行くには，光でも4.2年かかる............................ 102

太陽系の近くには明るい星が集まっている ............................ 106

5000光年の範囲にはたくさんの星雲がある .......................... 111


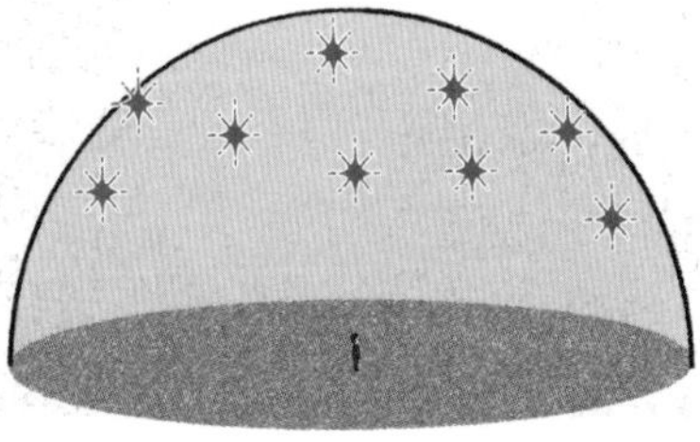

## STEP 2

# 銀河にひそむブラックホール


天の川銀河には数百万個のブラックホールがある........................ 116

ブラックホールからは光さえも逃れられない.............................. 119

ブラックホールは「あるわけない」と思われていた ........................ 124

ブラックホールから放たれるジェット噴射 ................................ 130

天の川銀河の中心に強い電波源を発見.................................... 137

銀河の中心には超巨大ブラックホールが鎮座する........................ 143

世界初！ ブラックホールの撮影に成功.................................... 147


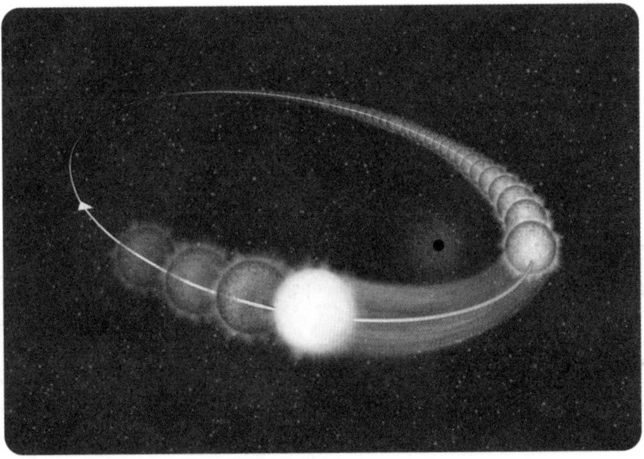

# 3時間目 天の川銀河だけじゃない！さまざまな銀河

STEP 1

## さまざまな形をした銀河

ハッブルがたてた銀河の進化説 ........ 154
肉眼でも見えるアンドロメダ銀河 ........ 156
小さな雲のように見えるマゼラン雲 ........ 160
全体に丸みをおびた楕円銀河 ........ 164
小さくて暗い矮小銀河 ........ 168
銀河は集団になっている ........ 170
銀河団より巨大な超銀河団がある! ........ 174
遠くにある“古い”銀河を探しだせ ........ 181
偉人伝② 宇宙膨張を発見，エドウィン・ハッブル ........ 188

# 4時間目 銀河の衝突と大規模構造

## STEP 1

## 天の川銀河とアンドロメダ銀河の大衝突


原始銀河は合体をして進化してきた ………………………… 192

アンドロメダ銀河が天の川銀河に接近中 ………………………… 204

二つの銀河が繰り広げる壮大な衝突劇 ………………………… 206

銀河が衝突しても星はぶつからない ………………………… 217

膨大な数の星を生む銀河衝突 ………………………… 224

ダークマターが銀河衝突の黒幕 ………………………… 228

銀河の主役はダークマターのかたまり「ダークハロー」!? ………… 234

私たちの銀河はすでに衝突中なのかもしれない ………………………… 239

遠い将来，銀河は一つにまとまっていく ………………………… 243


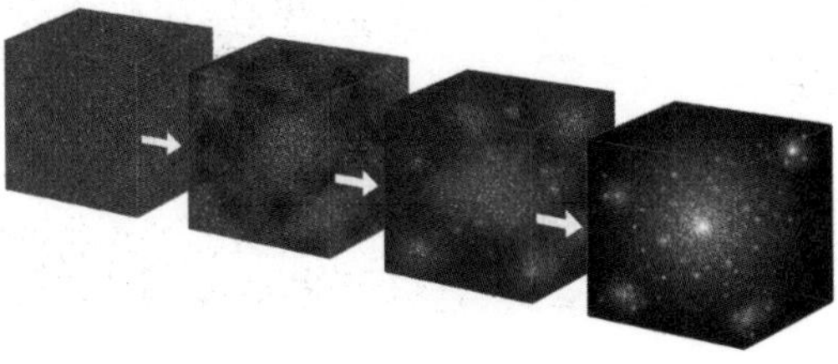

STEP 2

## 無数の銀河がつくる大規模構造

宇宙は，銀河でできた泡で満たされている………… 248
1980年代，銀河のネットワークが発見された………… 255
宇宙のはるか遠くにある大規模構造の種………… 262
かすかな物質のむらが大規模構造に成長した………… 267
ダークマターが大規模構造をつくる………… 270
大規模構造を生んだのは宇宙の急膨張………… 276
宇宙を膨張させる謎のエネルギー………… 280
大規模構造からダークエネルギーの性質を探る………… 288

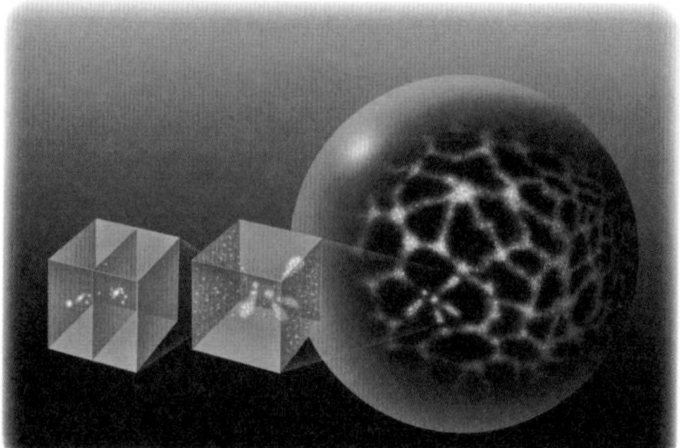

## とうじょうじんぶつ

田村元秀先生

東京大学で天文学を
教えている先生

理系アレルギーの
文系サラリーマン（27歳）

# 1

時間目

# 私たちが暮らす
# 天の川銀河

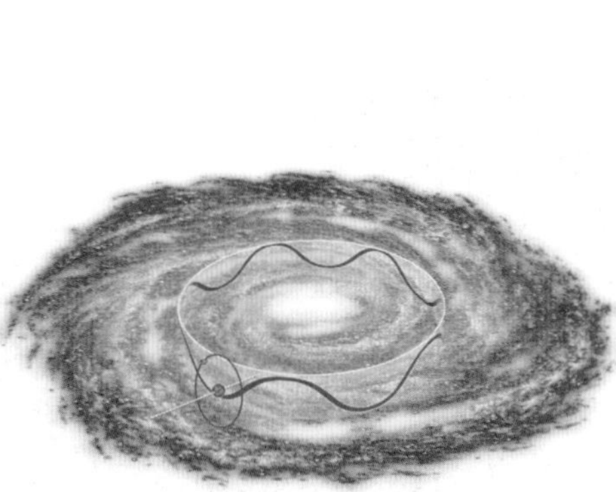

STEP 1

# 太陽系は天の川銀河の中にある

**数千億の星々からなる雄大な天空の大河「天の川」は，大昔から多くの科学者を魅了してきました。はじめに，天の川銀河についてご紹介しましょう。**

## 私たちは，天の川銀河の中に住んでいる

この前，久しぶりに友人と山登りに行ったんですよ。都心からはなれるのも久しぶりでした。夜，テントから空を見上げると満天の星で，まるで星が降ってきそうでした。なんと**天の川**もくっきり見えたんですよ！

おお，それは素晴らしいですねぇ。

最高でした……（うっとり）。
あの雄大な星の大河は流れ流れてどこへいくんだろうなあ。先生，天の川のその先は広大な宇宙のはるかかなたの星々の大海へと続いていくのでしょうかねぇ。

いいえ，ちがいます。「天の川」は，いわゆる川のような形態をしているわけじゃないんですよ。

え？

私たちが「天の川」とよんでいるものは，**天の川銀河**の一部分なんです。天の川銀河は**銀河系**ともいいます。ここでは「天の川銀河」に統一しましょう。
ここに，最新の知見をもとに，可能な限り正確にえがいた天の川銀河のイラストがあります。つまり「天の川の正体」ですね。

## うわっ！　全然川じゃない！
これのどこが「天の川」なんだ!?

ふふふ。

天の川銀河はご覧のように，たくさんの星が集まって**円盤**のような形をしています。私たちは地球に住んでいますよね。この地球も，この天の川銀河の中にあります。つまり，私たちは天の川銀河の中に住んでいるんです。

そして，**私たちが天の川といっているものは，天の川銀河の内部から，天の川銀河を見通した姿なんですよ。**

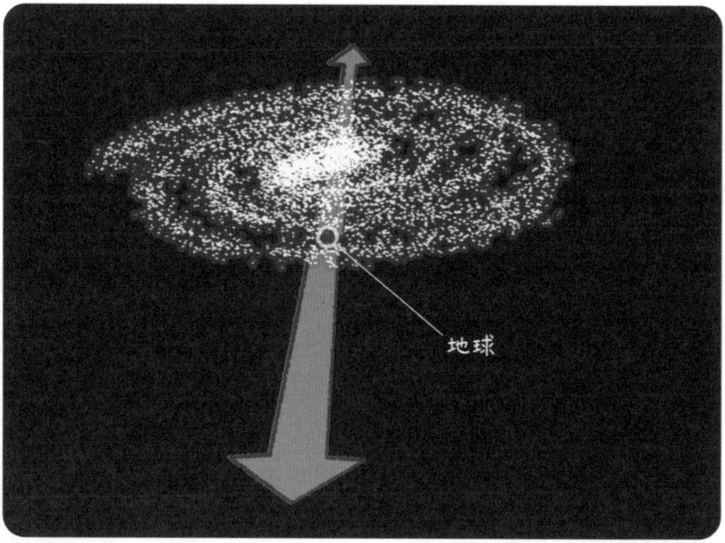

ええっ!?

実際は巨大な円盤の断面が帯状に見えてる，ってことですか……。

ざっくりいえばそういうことになりますね。

知らなかったです！　それってすごくないですか!?
ちょっとまってください，ということは，僕らは天の川の一部だといえますよね！

そうですね。

わー！　すごい！
何だかちょっと別レベルの感動だなあ。
「天の川見えた」って喜んでいましたけど，実はとんでもないスケールのものを見てたわけですね，僕たち。

宇宙には，天の川銀河のような銀河が**数千億個**も存在しているんですよ。

そ，そんなにあるのですか。
先生，今，自分がもっていた宇宙のイメージが完全に崩壊しました。銀河について，もっと教えてくれませんか！

ふふふ，いいですね。
それでは，この宇宙を構成する**銀河**についてくわしくお話ししましょう。銀河への旅が，その先のさらに大きな宇宙への旅へとつながっていくでしょう。

すごく知りたいです！
**よろしくお願いします！**

## 私たちが住む天の川銀河の構造

ではあらためて，私たちが住んでいる天の川銀河の**構造**について，くわしく見ていきましょうか。

「銀河の構造」ですか。考えたこともなかったですよ。

ふふふ，そうでしょう。
まず，天の川銀河をかたちづくっている第一の“素材”は，太陽のような**恒星**（みずからのエネルギーで光る星）です。天の川銀河は，**1000億～数千億個**の恒星たちが集まり，このような円盤のような形に分布しているのです。

せ，1000億～数千億個!?

すごいでしょう。円盤には**渦巻模様**があり，宇宙船に乗って銀河の外に出て斜め上からながめると，このように美しく見えるはずです。

すごいなあ。……ちょっと，目玉焼きのようにも見えますね。

ハハハ，そうですね。中心の黄身にあたる部分は**バルジ**とよばれています。この天の川銀河のバルジの形は「球」に近いのか，「棒状構造」とよばれる円柱状なのかはずっと議論されてきましたが，最近では，天の川銀河中心に棒があるのはほぼまちがいないと考えられています。

こちらのイラストは，前のページのイラストより，もう少し低い位置から天の川銀河をながめたものです。ちなみに点で指し示したのが太陽の位置です。

**ひゃあ～！**
太陽小さい！

天の川銀河の直径は，**約10万光年**といわれています。1秒間に30万キロメートル（地球を7周半）もの速さで進む光が天の川銀河を横切るのに10万年かかるわけですね。

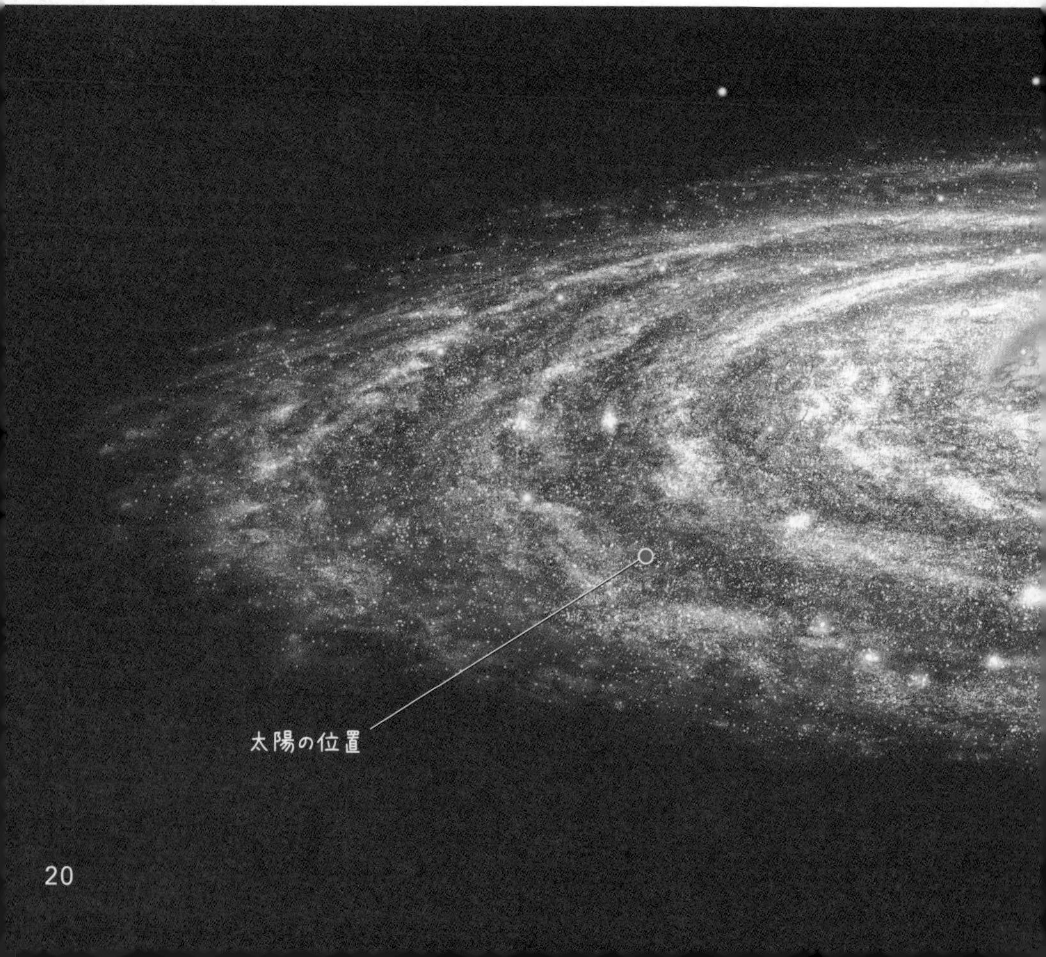

天の川銀河，大きいでしょう。
**私たちにとっては巨大な太陽も，銀河規模でながめると1000億～数千億個にもおよぶ恒星のうちの一つにすぎないんです。**
ちなみに太陽は天の川銀河の中心から2万6000光年ほどの距離にあるとされています。**天の川銀河は回転していて，私たちが暮らす地球は太陽とともに，約2億年かけてこの巨大な円盤を1周するんですよ。**

しょっぱなからとんでもないスケール感です……。

次に，天の川銀河を真上から見てみましょう。

渦巻模様がはっきり見えますね。

この，明るく渦巻模様に見えるところは**腕**とよばれており，たくさんの星が誕生している場所です。
ちなみに，このような渦巻模様の銀河は**渦巻銀河**（正確には棒渦巻銀河）といいます。

へえぇ……。
銀河では，今も星々が誕生しているんですね。

ええ。
**腕にあるたくさんの星と，星の材料となるガスは，私たちの太陽系と同様に，回転運動をしながら銀河を一周し，基本的にはまた同じ場所にもどってきます。**

なるほど。膨大な時間をかけて……。

天の川銀河には，このイラストのようにいくつもの腕があります。ちなみに私たちの太陽系は**オリオン座腕**とよばれる腕の中に位置しています。位置についてはあとからくわしくお話ししますね。

腕には，住所みたいに名称があるんですね。

じゃあ，こんどは天の川銀河を真横から見てみましょう。このイラストは断面図ではありません。

太陽系は，バルジから割とはなれたところにあるんですね。というか，天の川銀河ってかなり薄いんですねえ。

そうですね。天の川銀河の円盤の厚みは，太陽付近で**2000光年**，中心部分では**1万5000光年**ほどです。直径が10万光年といわれていますから，おっしゃる通り円盤がかなり薄いことがわかります。また，現在では円盤はたわんでいるとも考えられているようです。

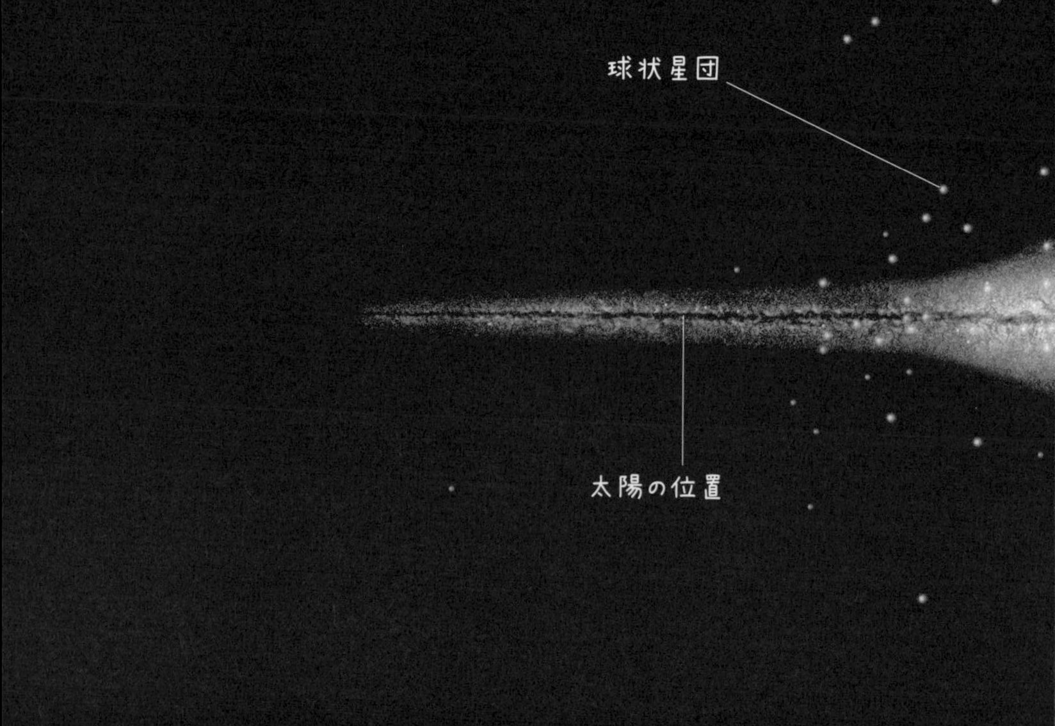

へえぇ……。

さらに，円盤のまわりには**球状星団**《きゅうじょうせいだん》とよばれる星のかたまりが200個ほど確認されています。
球状星団は，天の川銀河の円盤を包み込むように，円盤からかなりはなれたところにも存在していて，このイラスト中にすべてがえがかれているわけではありません。

## 天の川は，星たちの集団を内側から見た姿だった

先生，天の川の正体は銀河であることはわかりましたけど，「天の川」というからには，やっぱり昔は川だと思われていたわけですか？

そうですね。なぜ川のように見えるのかについて，もう少しくわしくお話ししましょう。
たしかに，川のように見えたのは昔の人たちも同じです。夜空に横たわる天の川は，昔から人々の興味をかきたてる，とても不思議な存在だったんです。

そうでしょうねえ。

東アジアでは「川」に見立てられましたが，西洋では，大神ゼウスの妻ヘラの母乳が夜空にほとばしったというギリシア神話に見立てられて，ミルキー・ウェイ（乳の道）とよばれてきました。

面白い。文化がちがえば見え方もちがうんですね。

現代では町などの人工光が増加し，とくに都会では天の川の淡い光を見ることはむずかしくなってしまいましたが，強い人工光がなかった昔の天の川は，今よりはるかに存在感があったはずです。

壮大な眺めだっただろうなあ。

そうですね。
天の川の正体について，はじめて科学的な答えを出したのが，天文学の父ともいわれるイタリアの物理学者・天文学者の**ガリレオ・ガリレイ**（1564～1642）です。

ガリレオだったんですか！

1609年，ガリレオは発明されたばかりの**望遠鏡**を使って，ぼんやりと輝く天の川が，無数の星の集団であることを突き止めたのです。

ガリレオ・ガリレイ
（1564～1642）

そうか，そもそも星の集まりであることさえもわかっていなかったんですね！

ええ。その後，さまざまな観測が重ねられ，しだいに天の川銀河のくわしい構造が明らかになってきたのです。
下のイラストのように，私たちは天の川銀河を内部から見ているので，天の川はひと続きにつながって見えるのです。そして，ひと続きの帯の中で，光が濃く幅広い部分が，天の川銀河のバルジ方向にあたるわけです。

なるほど。だから帯状の川に見えるわけですね。天の川の中心部分あたりには，黒いすきまがあるように見えますね。ここには星がないのですか？

これは星がないわけではなくて，濃いちりが，奥からやってくる光をさえぎるために暗く見えているのです。

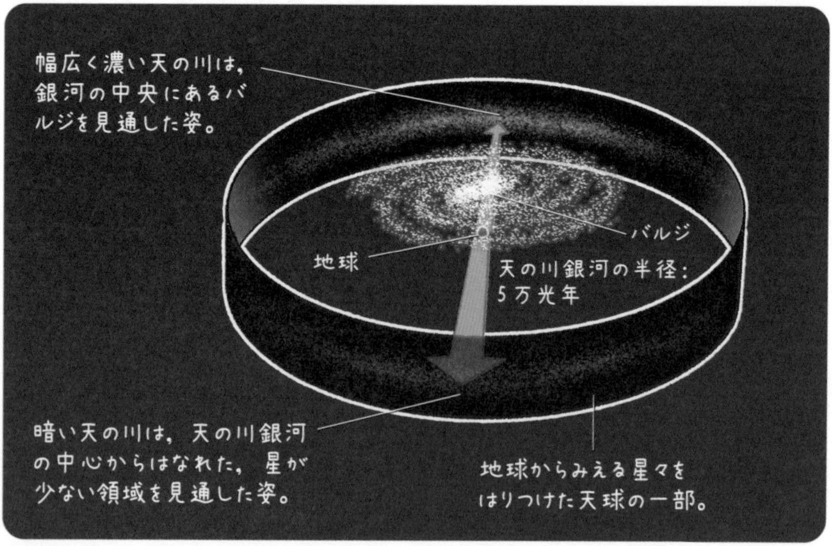

天の川銀河に対して，地球の公転面が傾いているため，天の川は縦方向に見える。

## 宇宙は天の川銀河の外にも広がっていた

でも先生，天の川が実は銀河だっただなんて，よくわかりましたね。どうやってそこまでたどり着いたんでしょう。

そうですね。ここから，人類がどのようにして，銀河の構造を発見していったのかについてお話ししましょう。
星の世界がどんな形に広がっているのかという疑問に対して，はじめて科学的な調査が行われたのは，18世紀後半のことでした。もちろん，まだ「銀河」という概念など存在せず，夜空に見える天体が宇宙のすべてだった時代です。
きっかけは，イギリスの天文学者，**ウィリアム・ハーシェル**（1738～1822）です。ハーシェルは，自分で開発した当時最高クラスの望遠鏡で，さまざまな方向の星の数を数えました。

**星を数える!?**
そんな，聞いただけで気の遠くなるようなことを……。
ハーシェルさんは，なぜそんなことをしようと思ったんですか？

ウィリアム・ハーシェル
（1738～1822）

当時はまだ星までの距離を計測する方法はなかったため，ハーシェルは一定の面積あたりの星の量によって，その方向の奥行きを推定しようとしたのです（下のイラスト）。ハーシェルは，星が多く見える領域ほど宇宙が遠くまで広がっていると考えたのです。

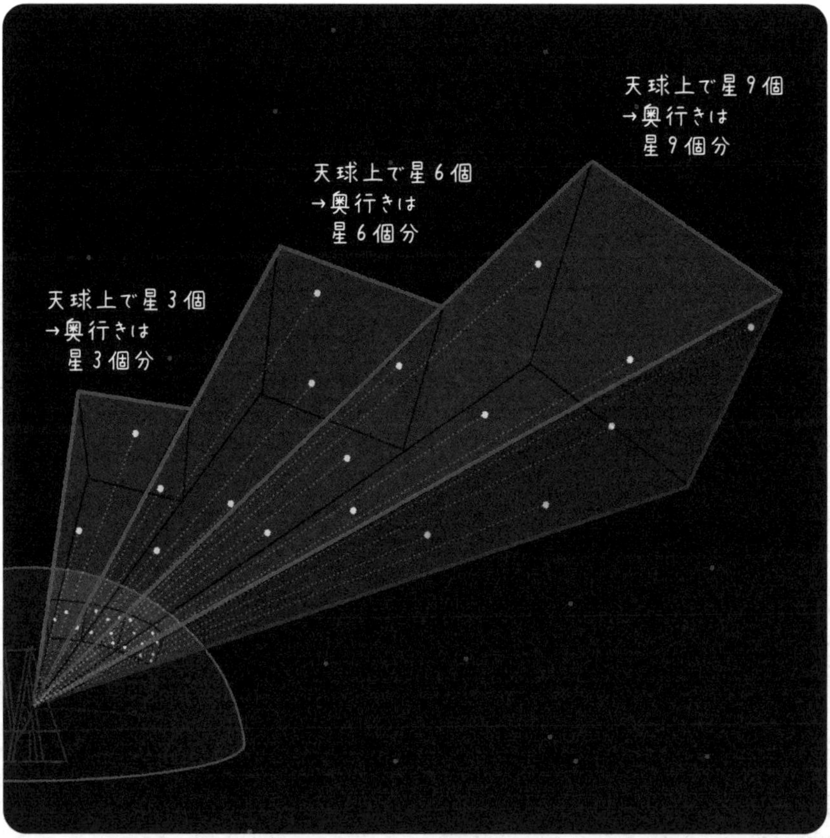


ハーシェルが行った調査のイメージ。地上から見ると，星は天球にはりついているように見える。ハーシェルは，望遠鏡で天球の一定面積の領域ごとに星を数えて，その数からその方向の奥行きを推定した。

なるほど……。
それにしても大変な作業ですね。

そうですね。ハーシェルが683の領域を調査したところ，宇宙はやや厚めの円盤状の形をしているという結論が得られました（下のイラスト）。そして，天の川の方向は星がたくさん見えるため，その方向は遠くまで奥行きがあるという結果になったのです。

宇宙は厚めの円盤状の形って……，宇宙そのものの形ではないですが，でもこれって，まさに天の川銀河の形そのものではないですか。

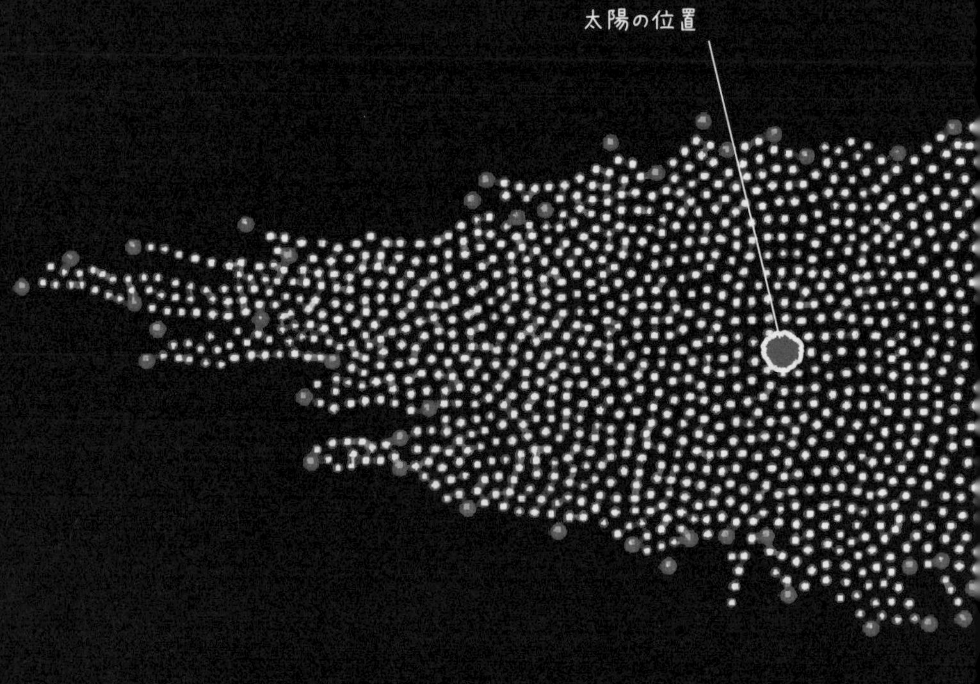

そうです。**ハーシェルの方法は厳密さには欠けていましたが，現代の天の川銀河像の基礎をつくり上げたといっても過言ではありません。**観測できたのは天の川銀河の中でも星の光が届く一部の範囲に限られましたが，それでも天の川銀河が円盤構造であることを見事にいい当てたわけです。ただ，当時は銀河という概念はありませんでした。だからハーシェル自身は，“宇宙全体の形”をはかっているつもりだったようです。

実際は天の川銀河の形ですけど，ハーシェルさん自身は，これが宇宙全体の形だと思っていたんですね。

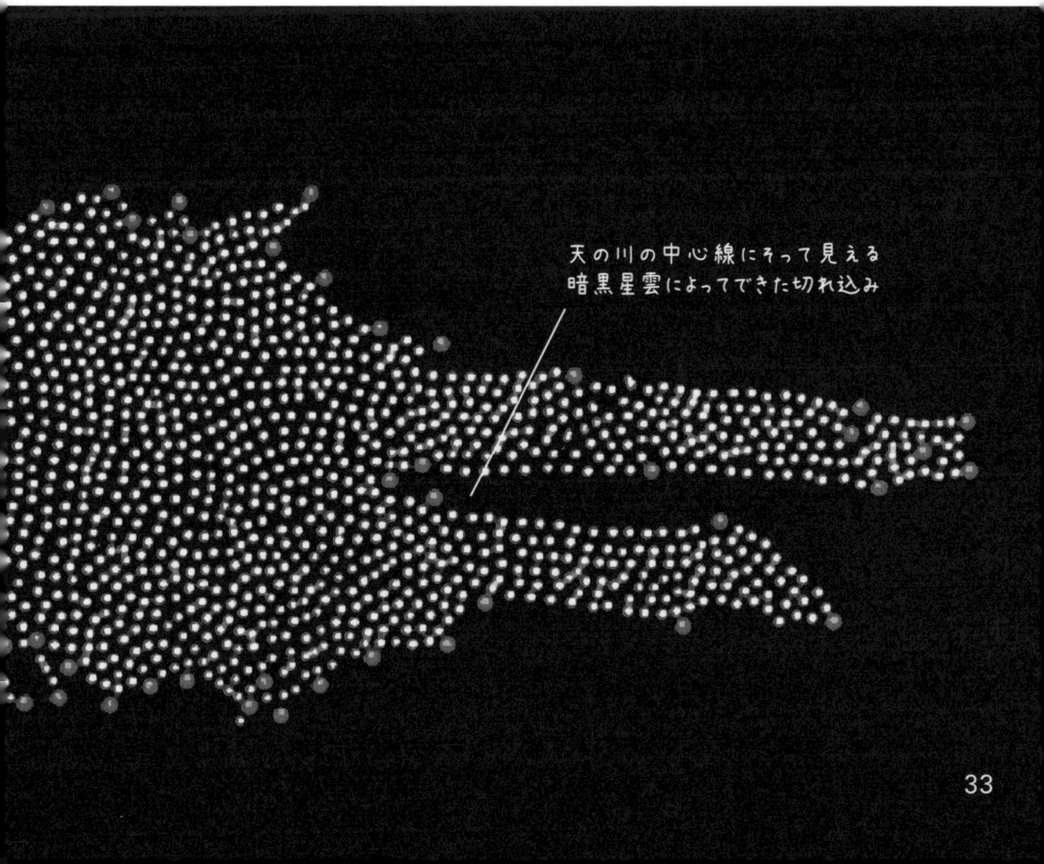

そもそも，当時は，宇宙はどういったものと考えられていたんだろう？

惑星が太陽のまわりを公転していると考える**地動説**は，17世紀の終わりまでには定着していきましたが，太陽系の外側は，恒星が散りばめられた世界と考えられていました。

だからハーシェルさんは，星の数を数えてその広がりを知ろうとしたのか……。

はい。そして20世紀はじめまでには，恒星の広がりとその形はおぼろげにはわかっていましたが，「銀河」といった概念は，まだ存在しませんでした。そのため，恒星が広がって見える範囲（天の川銀河）こそ宇宙のすべてだと考えられていたのです。
ところが夜空には，「恒星」とは明らかにことなる**星雲**があります。恒星は輝く点に見えますが，星雲はその名のごとく，ぼんやりと雲のように広がって見えます。**20世紀初頭までに，薄巻模様をもつ星雲が多数発見されたんです。でも，当時はそれが何なのかわかりませんでした。**
そしてこれらの星雲の発見が，1920年，のちに**天文学の大論争**とよばれる討論を引きおこすのです。

ええっ？　どういった大論争なんです？

アメリカ国立自然科学博物館の年会で行われたこの討論は，**星雲が「私たちの恒星の集団（天の川銀河）の中にある天体」なのか，それとも「遠くはなれたところの天体なのか」**というものでした。

これはいわば，**「宇宙はどこまで広がっているのか」**ということを意味しています。

宇宙論の歴史を塗りかえるような論争ですね！

その通り！
そしてこの論争に決着をつけたのが，アメリカの天文学者エドウィン・ハッブル（1889～1953）でした。**1924年，ハッブルはアンドロメダ星雲が，天の川銀河の外にある天体であることを発見したのです。**

エドウィン・ハッブル
（1889～1953）

ハッブルですか～！

そうです。**アンドロメダ“星雲”は，実は天の川銀河と同じような多数の恒星からなるアンドロメダ“銀河”だったんですね。こうして，宇宙は天の川銀河の外にも広がっていて，しかも天の川銀河と同じような銀河がたくさんあることが明らかになったのです。**そしてこの瞬間から，人類が知る宇宙の大きさは，100倍，1000倍と広がっていくことになったわけです。

天の川銀河
直径約10万光年
の棒渦巻銀河
大マゼラン雲
地球から約16万光年はなれたところにある大きさ約2万光年の
小さな銀河。南半球の夜空で満月の20倍の面積に見える。

とてつもない発見でしたね。
当時の人々には衝撃的だったでしょうねえ。



## 天の川銀河と，周辺にある代表的な銀河

ハッブルは，アンドロメダ銀河の中に存在する「セファイド変光星」という天体を観測して，その距離を求めた。セファイド変光星はその性質上，距離を知ることのできる貴重な天体である。観測の結果，その距離は約90万光年となり，当時考えられていた天の川銀河の大きさをはるかにこえていた（現在ではアンドロメダ銀河の距離は約250万光年とされている）。こうして，アンドロメダ銀河が天の川銀河の外にある天体であることが明らかになった。

アンドロメダ銀河
地球から約250万光年はなれたところにある，直径約15～22万光年の渦巻銀河。北半球では肉眼でもかすかに見ることができる。

小マゼラン雲
地球から約20万光年はなれたところにある，大きさ約1万5000光年の小さな銀河。

偉人伝❶

## 天文学者に転身し，銀河の謎にせまった音楽家，

# ウィリアム・ハーシェル

　天体望遠鏡によって宇宙を観測し，のちにさまざまな功績をあげた天文学者ウィリアム・ハーシェルは，1738年，ドイツの都市ハノーファーで，10人の兄弟姉妹の4番目の子として生まれました。

　音楽的才能があった彼は，1753年，父と兄が勤めていたハノーファー近衛連隊の軍楽隊にオーボエ奏者として入団しました。そして，1755年にイギリスへ派遣されオーケストラの楽団長や，音楽教師としての生活をはじめるとともに，交響曲や協奏曲なども作曲しました。

## 数学への興味から天文学者へ

　音楽家としての人生を歩んでいたハーシェルでしたが，やがて数学に興味を持つようになります。そして，イギリスの天文学者と知り合ったこともあって天文学も学び，自らの手で反射望遠鏡の製作まではじめるようになりました。

　1781年，ハーシェルに転機が訪れます。全天観測を行っていた彼は，新しい惑星を発見したのです。これはのちに「天王星」と命名され，この功績でハーシェルは有名人となります。そして，時のイギリス国王ジョージ3世の王室付天文官となり，それ以後は天文学の研究に専念することになりました。

　ハーシェルはその生涯で，依頼によるものも含めて400台以上もの望遠鏡をつくったとされています。その中でも直径1.2m，焦点距離12mという，当時としては最大の反射望遠鏡で土星の新しい衛星エンケラドスやミマスを発見しました。

さらにハーシェルは，天球上で接近して見える二重星がおたがいにペアとなって回転している連星系であることを発見したり，星雲を多数見つけてカタログ化するなど，天文学上の功績をあげました。

また，宇宙は星（恒星）がレンズ状に分布しているという宇宙の姿を唱えました。これは必ずしも正しい宇宙の姿というわけではありませんでしたが，のちの宇宙観に大きな影響を与えました。

一方で，物理学における貢献としては，プリズムを使った実験によって人間の目では見えない光である赤外線も発見しています。赤外線は、現在、宇宙を調べる上で天文学でも重要な光となっています。

ハーシェルは1822年，イギリスのバッキンガムシャー州スラウで亡くなりました。彼の息子ジョン・ハーシェルも天文学者となり，多くの業績を残しています。

STEP 2

# 天の川銀河の姿を見てみよう

**ここから，天の川銀河についてさらにくわしく見ていきましょう。中心にあるナゾの「棒」とは？　天の川銀河は本当に渦を巻いているのか？　星はどこで生まれるのでしょう？**

## いろいろある銀河の形

先生，天の川の正体が，実は天の川銀河を内側から見たものだという事実にはじまり，天の川銀河には1000億～数千億個もの星が集まっていて，太陽だってそのうちの1個にすぎないとか，地球も太陽と一緒に銀河を2億年かけて1周しているとか，いろいろ衝撃を受けているのですが。それどころか宇宙のかなたには，銀河がいくつもあるということなのですが……。

ええ，その通りです。
**全宇宙の銀河の数は，天の川銀河内の星の数（約1000億～数千億個）ほどもあるといわれています。**
私たちのいる天の川銀河もまた，そんな無数の銀河のうちの一つに過ぎないんですよ。

どっひゃ～！
ちょっとまってくださいよ～！
銀河もそんなに大量にあるんですか!?

ええ，すごいでしょう。
宇宙には，色とりどり，形もさまざまな銀河が無数にあるんです。

形もさまざまなんですか。全部が全部，天の川銀河のような渦巻型というわけではないんですね。
どんな形の銀河があるんですか？

銀河の形は，主に**楕円銀河**，**渦巻銀河**，**不規則銀河**という三つのパターンに大きく分類されています。
まず楕円銀河は，回転して扁平になった軟式テニスボールか，あるいはラグビーボールのような形をしています。
また，**楕円銀河を構成する星は一般的に赤いものが多く，赤い星は年齢が古いことから，楕円銀河は比較的古い時代につくられたと考えられています。**

へえぇ〜。
古い銀河ですか。

次に渦巻銀河は，私たちの天の川銀河のような，渦巻模様のついた薄い円盤型の銀河です。
**渦巻銀河は，楕円銀河とは対照的に，新しい星が盛んに形成されています。**
また，渦巻銀河の中でも中心に棒状構造が見られるものは**棒渦巻銀河**とよばれています。

中心の棒状構造って，バルジですね。目玉焼きの，黄身部分の。
天の川銀河も棒渦巻銀河でしたね。

その通りです。棒状構造の大きさも銀河によってさまざまなんですよ。そして，楕円銀河にも渦巻銀河にも分類できないものが不規則銀河です。

**一般的に不規則銀河の質量は小さく，宇宙にはこのタイプの銀河が最も多く，これらが衝突・合体してより大きな銀河へと成長していくと考えられています。**

銀河って合体もするんですね！

そうなんですよ。

なお，楕円銀河にも渦巻銀河にも分類できない銀河には，不規則銀河のほかに，**レンズ状銀河**があります。

楕円銀河と渦巻銀河の中間的な銀河と位置づけられていて，円盤ではありますが，渦巻模様がありません。

**ポイント！**

**銀河は基本的に三つの形に分けられる。**

楕円銀河

楕円形をしている。比較的古い星が多い。

渦巻銀河

渦巻模様のある，薄い円盤型の銀河。新しい星が生まれている。中心に棒状構造のあるものは「棒渦巻銀河」という。

不規則銀河

宇宙に最も多い。質量が小さく，不規則銀河が衝突・合体して大きな銀河に成長していくと考えられている。

## いろいろな銀河の形

楕円銀河「M87」

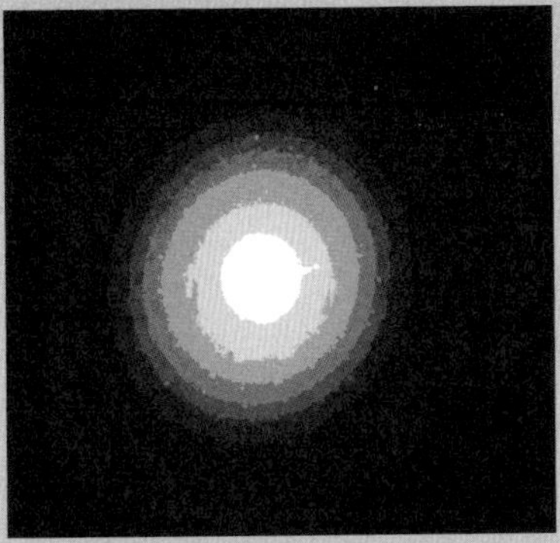

棒渦巻銀河「NGC 1365」

渦巻銀河の「アンドロメダ銀河」

不規則銀河「NGC 1427A」

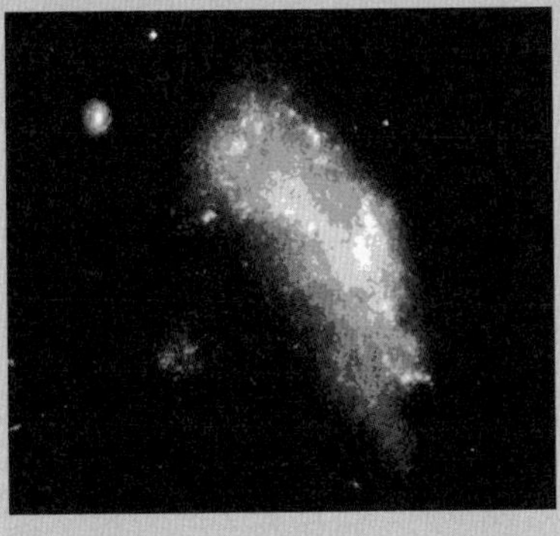

銀河の基本的な構造

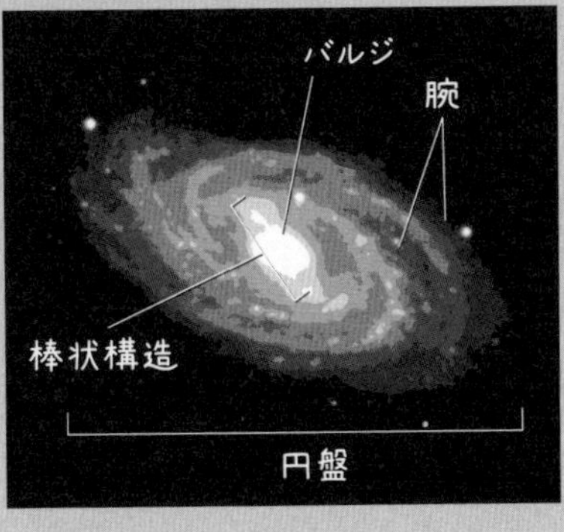

## 天の川銀河は本当に円盤型なのか!?

先生，ちょっと思ったんですけど。銀河の形はいろいろあることはわかりました。でも，天の川銀河は，実際に外から俯瞰して確認したわけではないから，実際はどんな形なのかははっきりとわからないのではないですか？

ハハハ，たしかにその通りですね。

でしょう？　先ほど，ハーシェルの観測のお話もありましたけど，私たちは天の川銀河の内部にいるのだから，私たちの銀河の形については，本当のところ，断定できないのではないですか!?

そうですね。ではここから，天の川銀河の構造について，さらに深く見ていきましょう。まず，天の川銀河がなぜ渦巻銀河であることがわかったのか，その根拠についてお話ししましょう。天の川は細い帯状に見えますよね。ですから，天の川銀河が少なくとも平らな形であることはまちがいありません。したがって，ハーシェルの観測では，天の川銀河（このころは宇宙）は円盤状とされたわけです。

はい。

それだけでなく，のちにほかの銀河を観察すると，平らな円盤状の渦巻銀河がたくさん見つかり，20世紀になると，これら円盤状の銀河が**回転**していることもはっきりしてきたのです。

でもそれは，ほかの銀河が，ということですよね。

私たちの銀河も回転していることは，1927年にオランダの天文学者**ヤン・オールト**（1900～1992）によってたしかめられました。ハッブルによって銀河・天の川銀河という概念が確立されてまだ間もないころです。
オールトは，太陽の近くにある恒星の運動速度を測定し，そこから，天の川銀河の恒星は，天の川銀河のある1点を中心に公転しているという構造を導きだしたのです。

ヤン・オールト
（1900～1992）

すごい！　実際に測定によって確認されているんですね。

はい。星が集まってできた“変形可能な板”が回転運動をしているなら，それは必然的に円盤状であり，ほかの銀河からの類推からも，**天の川銀河は回転する円盤状の構造**という結果が導かれたのです。
ハーシェルにはじまった“天の川銀河円盤説”は，こうして確実視されるようになったわけです。

へえぇ……。

ちなみに，太陽は天の川銀河の中心から，半径の約3分の2の距離にあることや，「太陽が天の川銀河を2億5000万年かけて周回している」ことを発見したのもオールト博士です。

すごい方ですね！

さて，オールト博士の研究だけではありません。ここまでは天の川銀河を構成している第1の素材である恒星の話でしたが，**“第2の素材”**からも，天の川銀河が円盤状であることがたしかめられたのです。

そうでした，天の川銀河の第1の素材は恒星ということでした。第2の素材って？

水素分子や水素原子などの**ガス**です。
ガスは，星をつくる材料となるものなんですよ。

ガスから星ができるんですか！　面白いですね。
でも，天の川銀河が円盤だということが，なぜガスからわかるんですか？

ガスはふつうの光（可視光）ではあまり見えませんが，電波ならよく見えます。この性質を利用して，電波でガスを観測して分析すると，**ドップラー効果**によってガスの運動についてのデータが得られるんです。

ドップラー効果って，救急車のサイレンの音が遠ざかっていくときに急に低くなる，あれですよね！

そうそう，それです。
普通，何かの運動の速さは，「(移動距離)÷(時間)」で求められます。しかし宇宙の天体は遠すぎて，移動距離を直接測定することはむずかしいんです。そこで天文観測では，ドップラー効果を利用して運動速度を求めるんです。

「ピーポーピーポー」と銀河とがぜんぜんつながらないんですが……。

ハハハ！
まず，**ドップラー効果とは，運動している物体から出た音や光の波長(波の山から山までの長さ)が，観測者から見た物体の運動の速度しだいで変化する現象のことです。**
たとえば音の場合，その正体は**空気の波**です。音の高さは空気の波長によって変わります。**高い音は波長が短い音波，低い音は波長の長い音波です。**

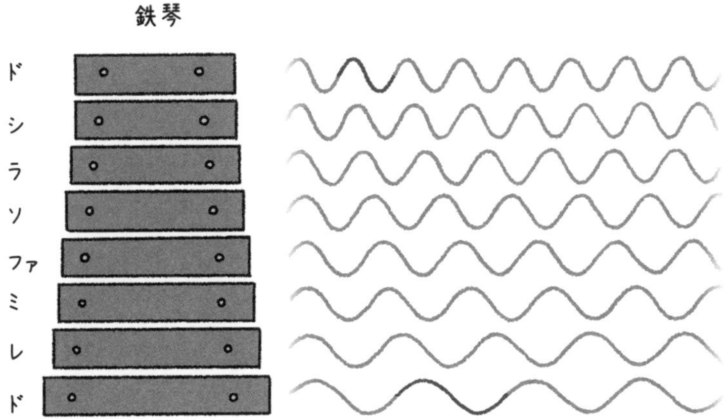

音源が近づいていると観測者に届く波長は短くなり，遠ざかっていると波長は長くなります。
ですから，救急車のサイレンの音が近づいてくるときは高い音程で聞こえ，自分の前を通り過ぎた瞬間に低い音程となるわけですね。これが，音の正体が空気の波であるためにおきるドップラー現象です。

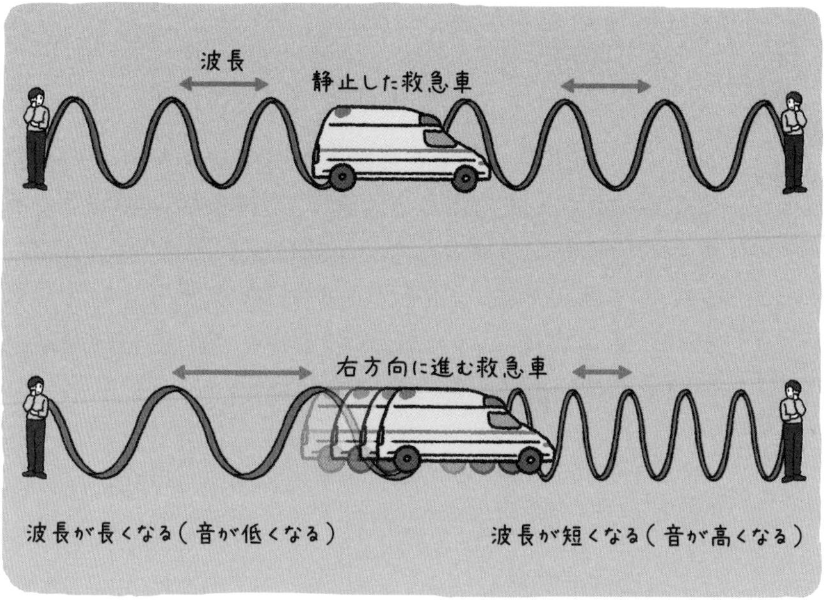


救急車のサイレン音の変化って，そういうしくみだったのか……。

銀河は音は発しませんが，光を発しています。光の正体も電磁波という波です。ですから，音と同じようにドップラー効果がおきるのです。

地球に天体が近づいていると，天体から発せられた光の波長は短くなり，遠ざかっていると波長が長くなるんです。**光の場合，波長が短い（近づいている）ほど青くなり（青方偏移），長い（遠ざかっている）ほど赤くなります（赤方偏移）。**

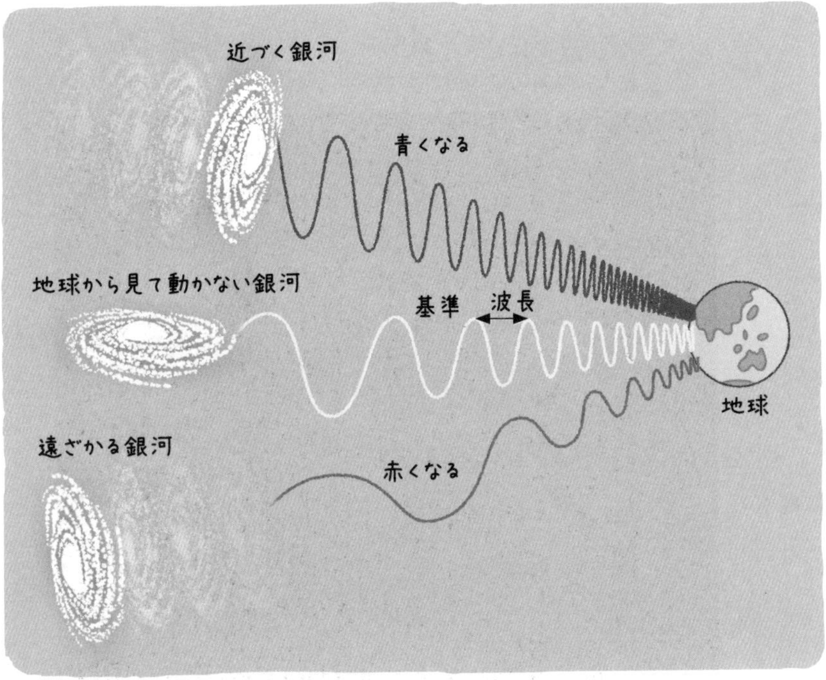


なるほど～！

ガスは，通常の光（可視光）ではあまり見えませんが，電波ではよく見えます。電波で銀河のガスを観測して分析すると，ドップラー効果によって，ガスがどのように動いているのかがわかります。

そして，ドップラー効果を利用して実際の銀河のガスを観測して得たデータと，ガスが円盤状に分布して回転運動をしていると仮定した場合のモデルから導きだしたデータを比べたところ，合致したんです！

ドップラー効果を使って，銀河がどのくらいの速度で観測者（イラストでは地球）に近づいてきているかを分析する概念図

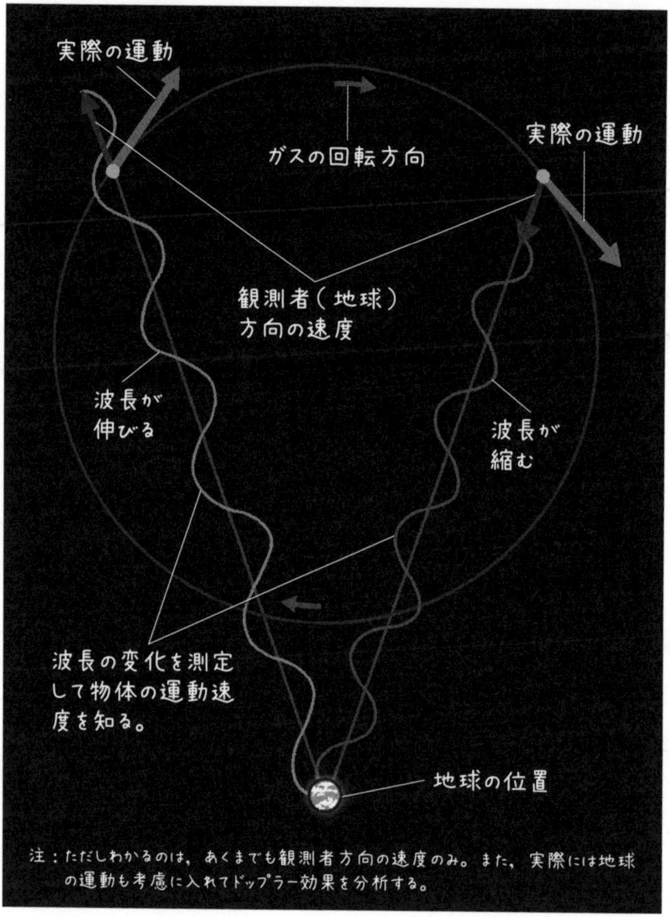

これは，1950年代に電波を利用した観測が本格化して以降，わかってきたことです。
このことが，天の川銀河は円盤状だという考えを決定づけ，さらにこうした状況証拠を積み上げていくことで，天の川銀河は円盤状であるとされているのです。

天の川銀河円盤のガスの運動をドップラー効果で測定した場合の概念図

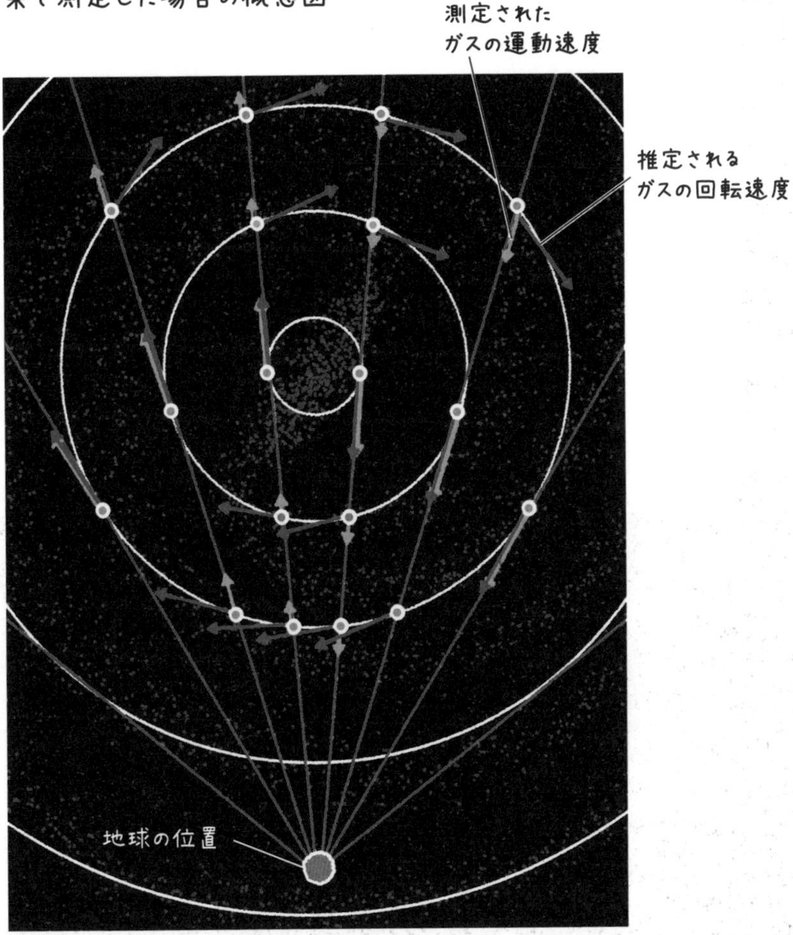

## 天の川銀河の大きさはよくわからない！？

私たちは，天の川銀河の外へ出ることはできませんけど，地道な研究の積み重ねで，天の川銀河が円盤である証拠がたくさん見つかっているんですねえ。

そうなんです。天の川銀河の形が円盤状であることについてはほぼまちがいありません。
でも実は，**大きさ**については，そうでもないんですよ。

えっ，天の川銀河の直径は10万光年ではないのですか？

ええ，直径10万光年という数字の精度は，実はそれほど高くはないのです。天の川銀河の大きさを知るには，円盤の半径がわかればよいのですが，実はこれを求めるのはとても困難なのです。**天文学では，天体までの距離をはかることが最も大切な作業ですが，それが最もむずかしいことなんです。**

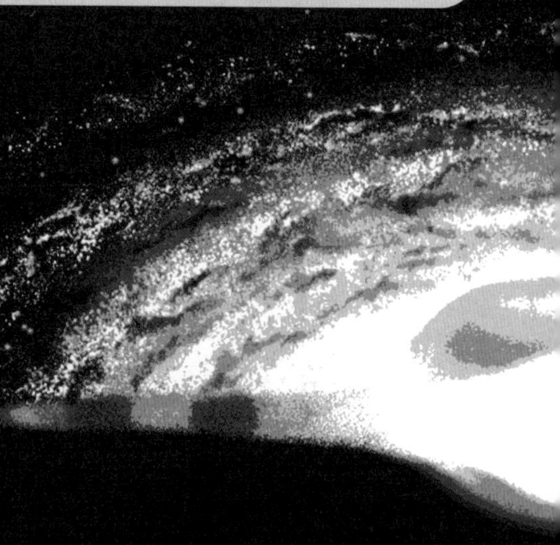

天の川銀河の断面図

見開きイラストは天の川銀河の断面図をえがいたもの。円盤の直径は約10万光年，中心から地球までの距離は約2万6000光年とされている。中心にはバルジとよばれる星の大集団があり，ここは私たちの天の川銀河では棒状の構造となっている。

そうなんですか。たしかに，一般的な距離のレベルではないですからねえ……。

天体までの距離をはかる方法はいくつかあり，天の川銀河のような数万光年レベルの距離をはかる場合には，**星の光が地球に届くまでにどれくらい弱められているのかを推定する方法**があります。でもこの方法は，誤差が大きいんです。しかも，地球から天の川銀河中心までの距離をはかったつもりが，「実際に測定したのは中心より手前の星だった！」ということもおこりえます。

むずかしいですね……。

実際，地球から天の川銀河の中心までの距離は，いろいろな方法を組み合わせたうえでの**推定**なのです。現在は**2万6000光年前後**が有力ですが，このような基本的な情報さえ，高い精度でしぼり込まれているわけではありません。

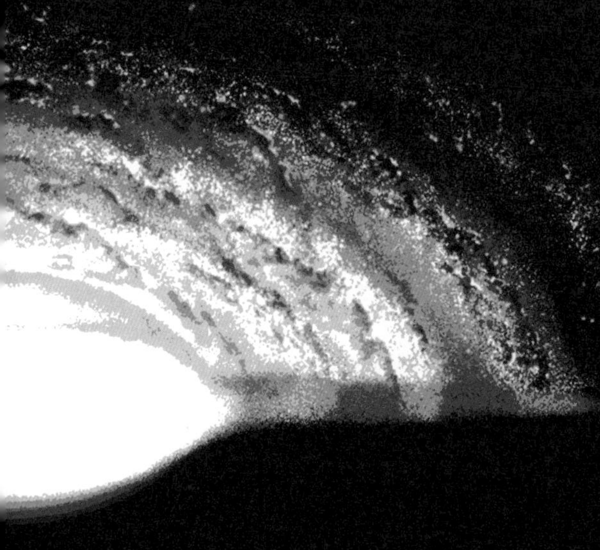

天の川銀河の直径は，正確に測定されているわけではない。地球から天の川銀河中心までの距離と地球から天の川銀河中心とは反対の端までの距離を足せば，天の川銀河の半径が得られ，その値を倍にすれば直径となるが，地球から天の川銀河中心までの距離は，観測方法によってずれがあり，正確にはわからない。また，地球から天の川銀河中心とは反対の端までの距離も，確定しているわけではない。

## 銀河の渦巻模様「腕」って何？

天の川銀河は，大きさは断定できないものの，巨大な円盤の構造であることはたしかです。次は，この円盤の渦巻模様にあたる「腕」について，くわしく見ていきましょう。

銀河といえば，やっぱりこの渦巻模様ですね！

そうですね。
腕は，その見た目からも，天の川銀河の中心に向かって星が落ち込んでいく「流れ」のように感じる人もいるかもしれません。でもそうではなく，渦巻銀河の星たちは回転運動（公転）はしているものの，銀河を一周すると基本的には同じ場所にもどってきます。

太陽も2億年かけて1周するというお話でしたよね。すごいなあ，ぐるぐると……。
そういえば，なんで渦巻模様ができるんだろう？　先生，「腕」って，いったい何なのですか？

腕は，正確には**渦巻腕**（または渦状腕）とよばれます。**渦巻腕は，渦巻銀河や棒渦巻銀河の銀河円盤に見られる構造で，非常に若い星と星間物質が集まっているところです。つまり，星がたくさん生まれて輝いている領域ですね。**その明るい部分が渦巻模様のパターン，すなわち「腕」として見えるわけです。

そうなんですか!?

はい。**渦巻銀河の円盤では，星の材料となるガスが星といっしょに回転しています。ただし，ガスは円盤に一様に分布しているわけではありません。回転運動をしながら，ガスの密度に濃淡の差，つまり密度の波ができます。この密度の波は渦巻状になりやすいのです。**
先ほども少し触れましたが，星はガスから生まれます。ガスの密度が高い場所では星が形成されやすく，その結果，この部分が腕として明るく輝くわけです。
このような銀河の腕の発生メカニズムを**密度波理論**とよんでいます。

なるほど。渦巻状のガスから星が生まれるから，銀河の模様が渦巻状になるんですね。

天の川銀河の腕の位置＝ガス密度が高い部分ですから，円盤のどこにガスが集まっているかを調べれば，天の川銀河に腕があることや，その位置もわかります。ガスの密度も，ドップラー効果を利用できます。先ほど，ドップラー効果を使ってガスの運動速度を調べるとお話ししましたが，実はこのとき密度も測定することができるんですよ。

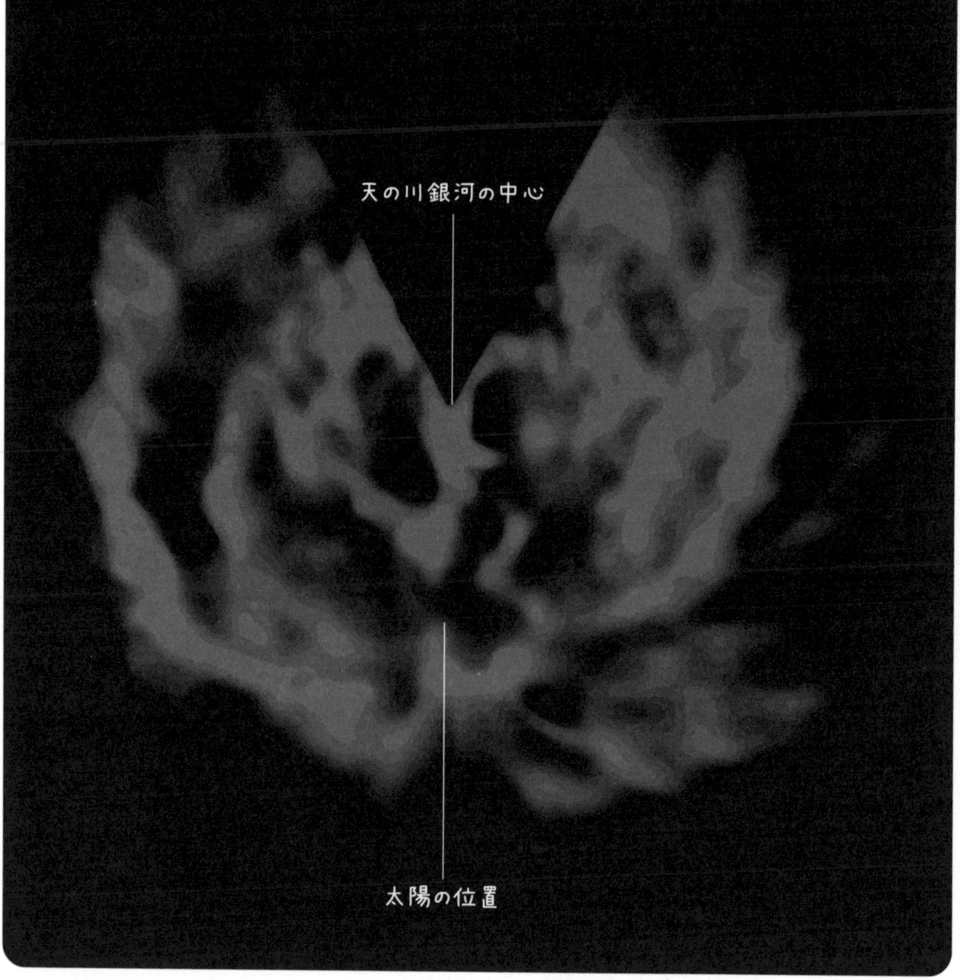


天の川銀河円盤のガスの密度分布の測定結果。
明るいところほど，ガスの密度が高いことを示している。

そういえば，「腕」には，住所みたいに名前がついているんですよね。

その通りです。
天の川銀河には渦巻腕が数本あり，**いて座腕**，**オリオン座腕**，**ペルセウス座腕**の3本がはっきりと確認されています。私たちの太陽系は，このうちのオリオン座腕の銀河中心側の縁に位置していると考えられています。

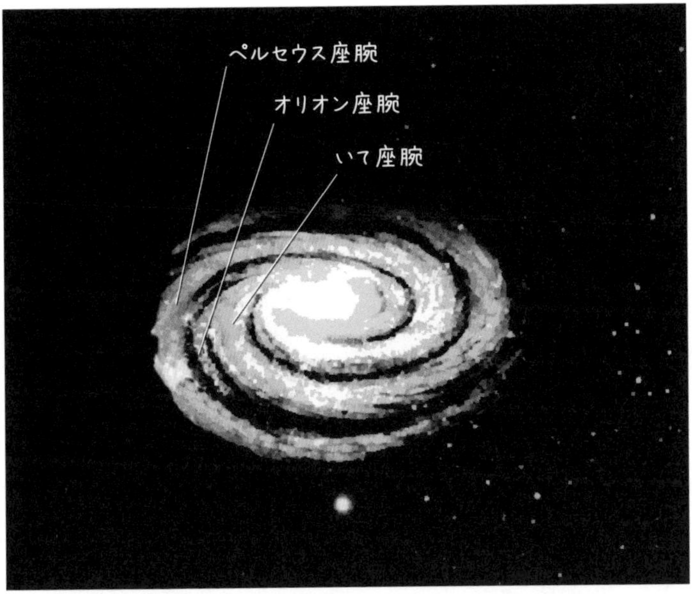

天の川銀河は，腕の渦巻構造を保ちながら回転しています。ちなみに，太陽も2億年の周期で回転しているとお話ししましたが，その回転速度は**秒速220キロメートル**にもおよびます。

**どっひゃ～！**
そんなものすごい速度で回転しているんですか！

すごいでしょう。
また，天の川銀河は，銀河北極側※から見ると時計まわりに回転しています。太陽も天の川銀河内を時計まわりに公転しています。ですが，地球の公転軸は，天の川銀河の回転軸とは向きが大きくずれています。

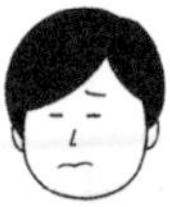

ええっと，ちょっとよくわかりません。

次のイラストを見てください。天の川銀河内を移動する太陽の軌道と，地球の公転軌道をえがきました。地球は天の川銀河の円盤面にそって公転しているわけではありません。地球を含めた太陽系の回転は，巨大な銀河の中で生じた無数のランダムな運動（乱流という）の一部にすぎないのです。

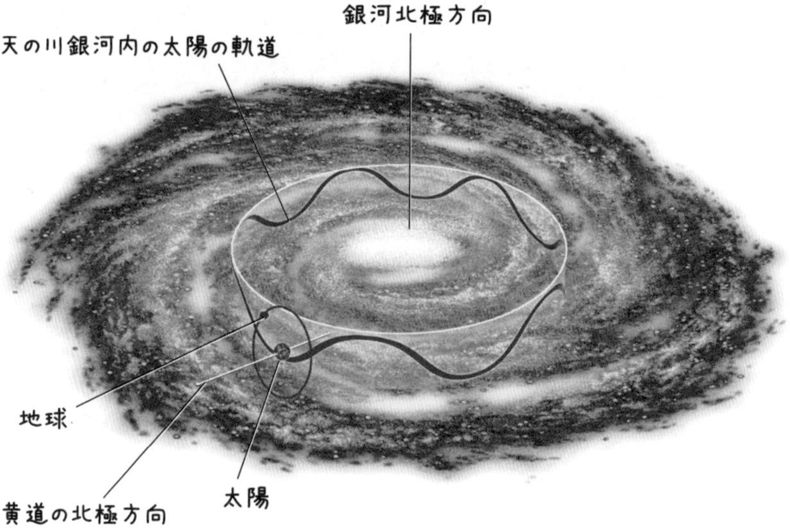


※：かつて宇宙は，地球を中心とする半径が無限の球体（天球）で，星は天球に貼り付いていると考えられていた。銀河北極は，銀河面（円盤の表面）を0°としたときにプラス90°となる天球上の地点のこと。黄道は，天球上の太陽の見かけ上の軌道のこと。

## 腕の中ではたくさんの天体が生まれている

地球の公転なんて，天の川銀河全体から見ると，「ちょっとした乱れ」みたいなものだとは……あまりにもスケールが大きすぎてくらくらしてきます。
ええと，銀河の渦巻模様は，銀河の回転によってガスがむらになってできるわけなんですね。「腕」はガスが濃くて，星がたくさん生まれている部分，ということですが……。

その通りです。
ではさらに，「腕」をクローズアップして見ていきましょう。天の川銀河の円盤には，ガス（水素ガスなどの星間物質）が充満しています。密度が高いと恒星の光を通さず，黒い雲のように見えるため，**暗黒星雲**ともいわれます。
この暗黒星雲の中でガスの密度が高まると**圧縮**されて，新たな星が生まれるのです。太陽もかつて腕で生まれたと考えられているのですよ。

ガスが圧縮されて星ができるんですか？

はい。銀河円盤では，密度のばらつきが波のように伝わっていく**密度波**が渦巻状に発生しています。
密度波は銀河円盤の中を回転しており，銀河円盤のガスも同じ方向に回転しています。このときのガスの回転速度は，**秒速約250キロメートル**にもおよびます。

びょ，秒速250キロ〜!?

速いでしょう。
超高速で回転するガスが密度波と衝突すると，**衝撃波**（圧力変化の波）が発生します。すると，衝撃波の後方から回転してきたガスは急激に圧縮されます。これは，高速道路の料金所手前で渋滞がおきる状況に似ています。

衝撃波にさえぎられて，ガスが渋滞してしまうわけですか。

そうですね。車とちがって，ガスは圧縮され，おたがいの重力によって収縮をはじめます。すると，高密度の**雲（分子雲）**がつくられ，紫外線を強く放射する高温の**星**が生まれます。この星から放射された紫外線は，まわりのガスの圧力を高め，となり合う分子雲を圧縮します。すると，そこからまた星が生まれるのです。
**つまり，密度波とガスの衝突によって生じた衝撃波の後ろでは，星が連鎖的につくられていくのです。**

星が誕生し続けていくんですね。

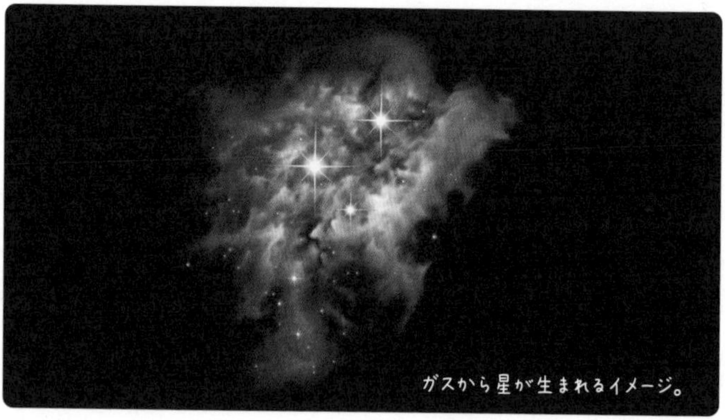

ガスから星が生まれるイメージ。

天の川銀河の「オリオン座腕」の一部を輪切りにし，
さらに拡大したもの。

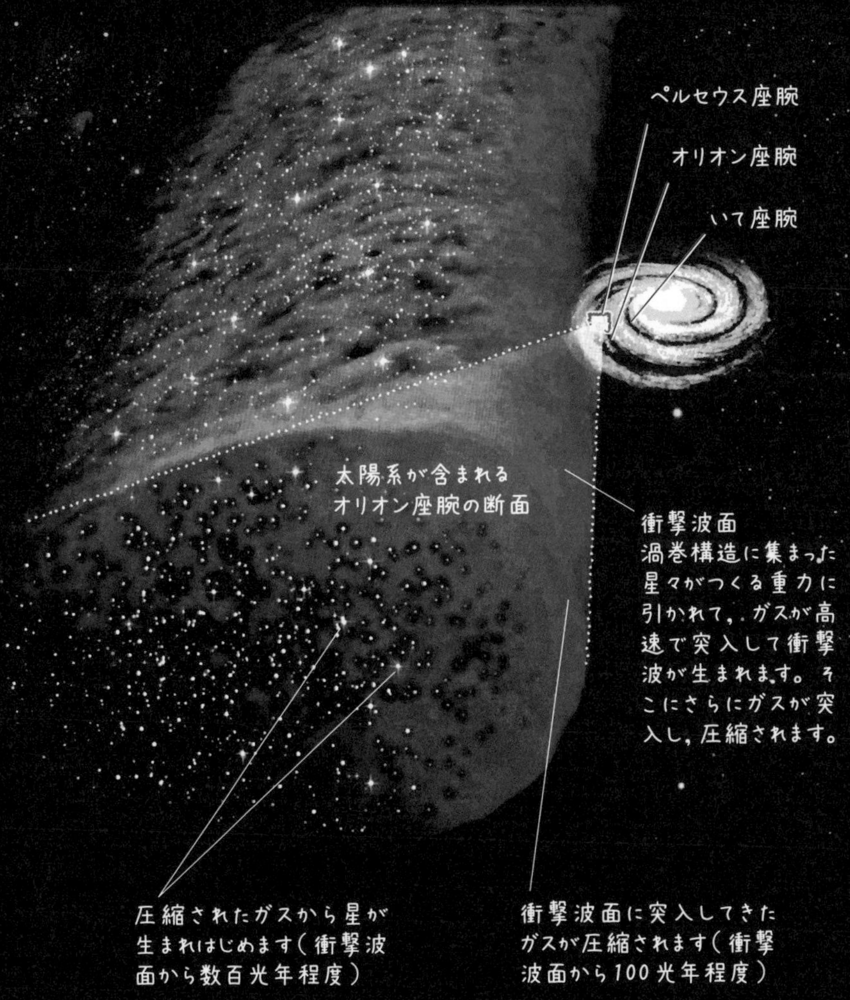

## 天の川銀河の中心は「棒」

今度は，天の川銀河の中心部分の構造について見ていきましょう。

たしか，中心部分には「棒がある」というお話でしたね。回転している円盤なのに，中心が棒みたいになっているなんて，ちょっと不思議です。

そうですね。
しかし，ほかの渦巻銀河の画像を見ても，中心をつらぬく**棒状の構造**（バー）が見えるものがあります。銀河の構造をさぐる数値シミュレーションでも棒状構造がつくられる例もあり，棒状構造の存在はそれほど不自然なことではないようです。

円盤の中心に棒があるなんて，ふつう思わないですよね。なぜ棒があるとわかったんですか？

天の川銀河の中心部に棒状構造がある可能性は天の川銀河の回転運動の解析から，1970年代に指摘されていました。しかし，中心にいたる途中の空間にちりやガスがあまりに多く，可視光では中心部を見ることはできなかったため，棒状構造に関する研究はなかなか進まなかったのです。

見えなかったんですね。

そうなんです。
しかし，この状況を打開する大きな変化が，1980年代からはじまりました。大規模な**赤外線観測**によって天の川銀河の中心領域が見通せるようになったのです。

電波や可視光以外の光を使うようになったのですか。

はい。そして，赤外線を使って天の川銀河の中心方向を観測したところ，中心を境に星の分布にかたよりがあることがわかりました。地球から見て銀河中心の左側に，明るく見える星が多かったのです。

それはつまり，どういうことですか？

つまり，**銀河の中心付近の星が棒状の形に集まり，棒の一方は地球から見て左手前の方向に伸びてきて，もう一方がその反対側，つまり右側後方へ伸びていると考えるのが自然である**ということです。

棒の左手前側は地球に近いため，明るく見えるというわけですか。

ええ。それだけでなく，棒状構造の意外な姿もわかってきました。2005年に，棒状構造の内側に第二の棒状構造が埋もれていることが発見されたのです。

**棒の中に棒!?**

天の川銀河中心付近の，明るく輝く星の分布。
中心を境に，左側に明るい星が多いことがわかる。

2013年12月には，ESA（ヨーロッパ宇宙機関）が，衛星**ガイア**を打ち上げました。この衛星は可視光で見える星までの距離を，これまでにない高精度で測定し，棒状構造に存在する多数の星の距離を直接決めることができます。ガイアによって，銀河の棒状構造の理解は飛躍的に進むことが期待されています。

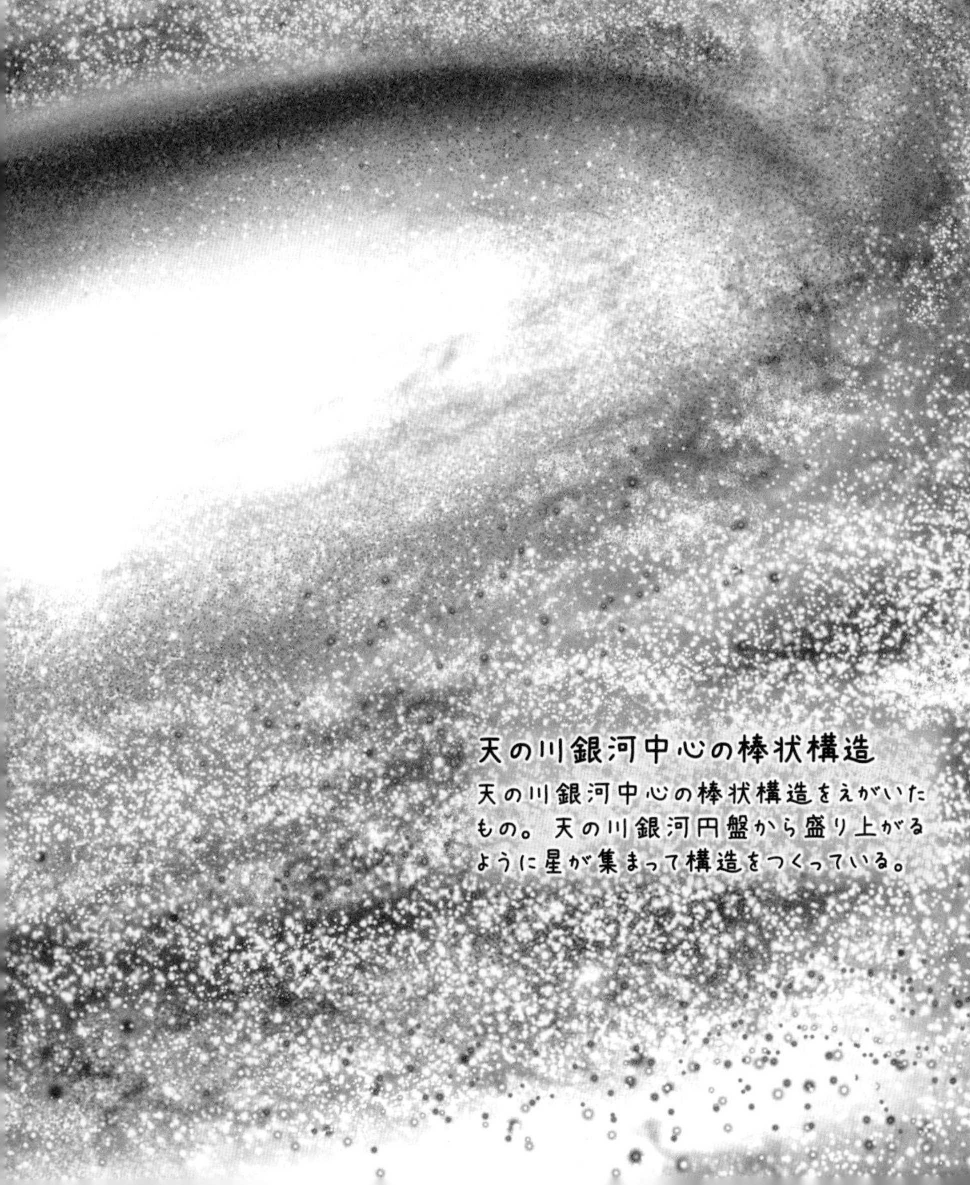

**天の川銀河中心の棒状構造**

天の川銀河中心の棒状構造をえがいたもの。天の川銀河円盤から盛り上がるように星が集まって構造をつくっている。

## 天の川銀河の断面図を見てみよう

さて，ここからは少し趣向を変えて，天の川銀河の全容にせまる方法についてご紹介しましょう。現在私たちに見えているのは，天の川銀河全体に点在している恒星のうち，ほぼ太陽系に近いところの恒星だけです。こうした非常に近いところにある星々は，私たちからの距離がある程度わかっているので，その距離をもとに**3Dマップ**をつくり，太陽系近傍の全容を立体的につかむことができますよね。

そうですね……。でも，天の川銀河って，星が数千億もあるんですよね？　立体的な全容なんてわかるんですか？

現在考えられている天の川銀河の構造モデルにもとづいて，天の川銀河の断面の状態を調べるんです。たとえるなら，天の川銀河を**“CTスキャン”**にかけて見てみようというわけです。

CTスキャンって，あの輪切りにするやつですよね。
一体どうやって!?

天の川銀河の構造モデルにもとづいて，縦と横にそれぞれ切って，断面を見てみるのです。次のイラストは，天の川銀河を真上から見たものです。これをまず，線の部分で縦に切って断面を見てみましょう。
すると，天の川銀河の渦巻模様が明るく際だっている部分，つまり腕の部分に，明るく輝く恒星がたくさん集まっているようすを見ることができます。

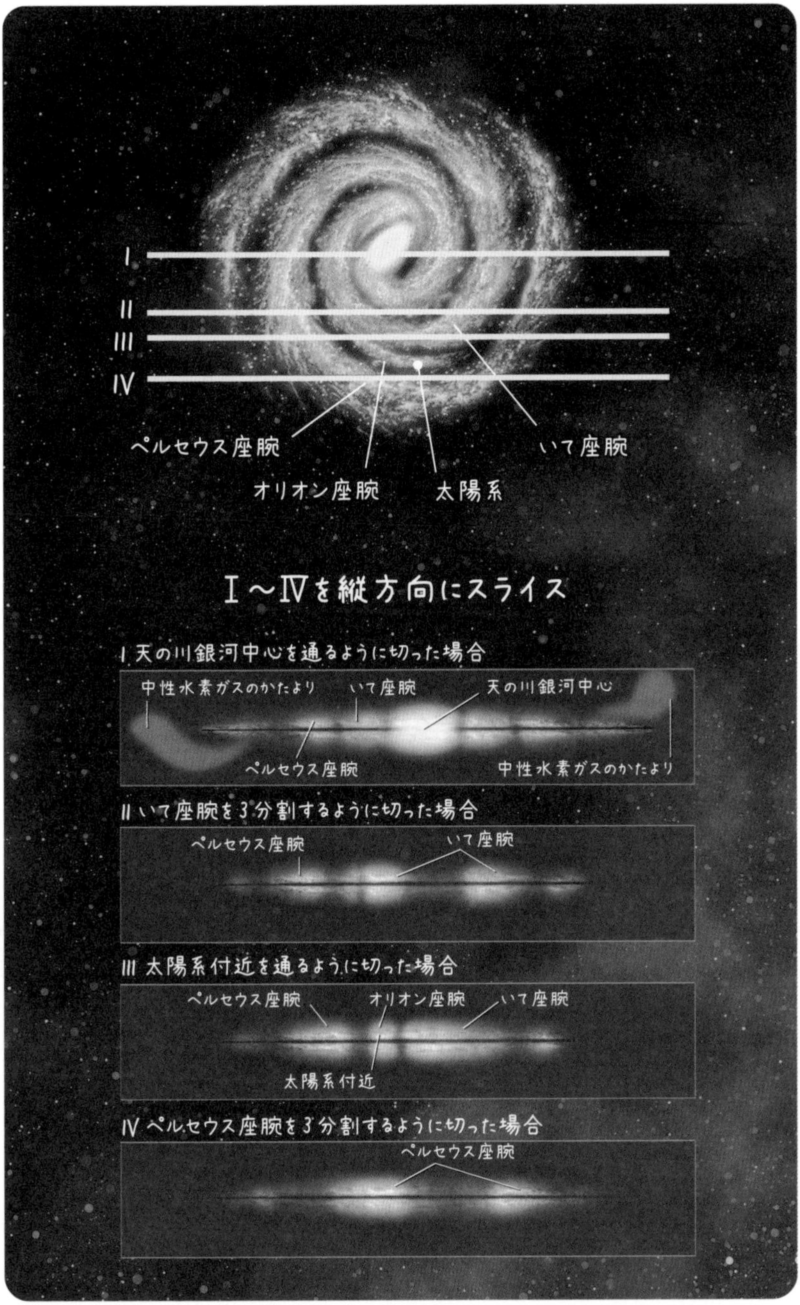
I
II
III
IV
ペルセウス座腕
いて座腕
オリオン座腕
太陽系
I～IVを縦方向にスライス
I 天の川銀河中心を通るように切った場合
中性水素ガスのかたより
いて座腕
天の川銀河中心
ペルセウス座腕
中性水素ガスのかたより
II いて座腕を3分割するように切った場合
ペルセウス座腕
いて座腕
III 太陽系付近を通るように切った場合
ペルセウス座腕
オリオン座腕
いて座腕
太陽系付近
IV ペルセウス座腕を3分割するように切った場合
ペルセウス座腕

あっ！　断面図で見えますね！

今度は天の川銀河を横方向に切ってみましょう（次のページのイラスト）。いわゆる，「魚の三枚おろし」みたいな感じです。これを見ると，切り分けられた断面には，同じ渦巻模様があらわれます。

面白いですね。

このように，CTスキャンのような断面図を考えることで，天の川銀河を立体的にとらえることができます。
ただし，天の川銀河の構造にはまだわかっていないことが多いですし，天の川銀河に分布しているのは恒星だけではなく，いろいろなガス雲や，ダークマターなども分布しています。天の川銀河のよりくわしい3Dマップを作成するには，こうしたガス雲などの分布を知ることも重要になってくるのです。

## 天の川銀河はゆるくたわんでいる

先生，天の川銀河の断面を見ると，本当にきれいな円盤状なんだってことがわかりますねえ。

そうですね。
でも，実は天の川銀河って，実際は少したわんでいるんですよ。

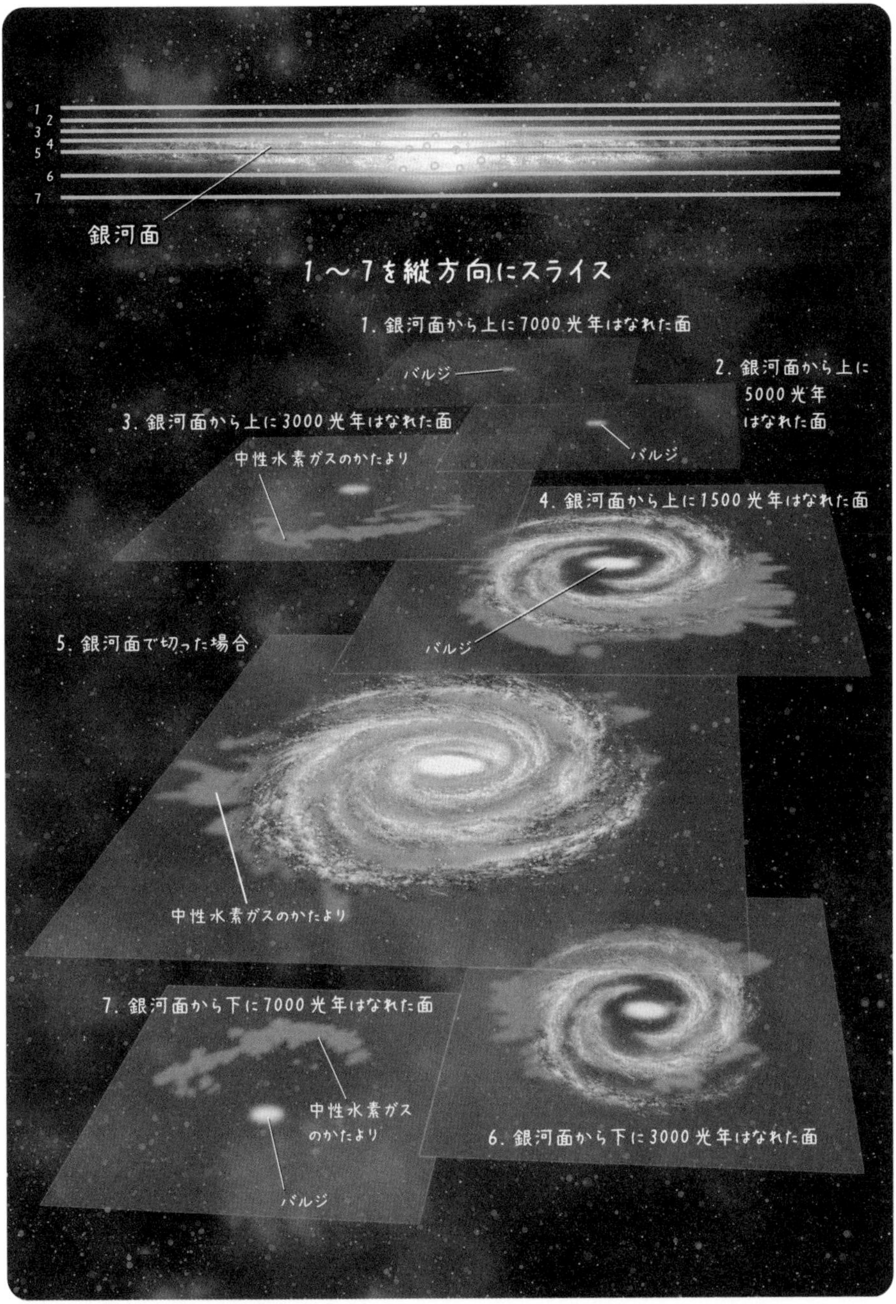


注：イラストは，祖父江義明東京大学名誉教授と，中西裕之鹿児島大学学術研究院理工学域理学系物理・宇宙専攻准教授より提供していただいた資料をもとに作成した。

え，そうなんですか？　でもイラストでは，円盤の断面はほぼ直線ではないですか。

そうです。おさらいになりますが，今までの観測で調べられてきたものは，主に**ガスの分布**なんです。恒星が放つ可視光は，ちりに吸収されてしまうため，私たちの太陽系から遠くはなれている星ほど，多くのちりに邪魔されて観測できなくなります。
一方，ガスはちりに吸収されない電波を強く出すため，この電波を使って天の川銀河内のガスの分布を観測し，そこから天の川銀河の円盤の形を推測してきたわけです。

はい。そういうお話でした。

でも本当は，星の分布の情報があったほうが，天の川銀河の形をよりたしかに，細かく推測することができます。

そりゃ，あったら好都合ですよね。

そこで2018年から2019年にかけて，中国，ポーランド，チリの三つの研究チームは，ちりを透過して届く近赤外線や，近赤外線に近い可視光をとらえることで，南半球の空全域に広がる星の観測を行いました。

すごい技術ですね……。

さらに三つのチームは，高精度で距離を測定できる，ある特殊な星をターゲットに定めました。それが**セファイド変光星**です。

せふぁいど？

はい。
**セファイド変光星はその名の通り，明るさが数日から100日程度の周期で変わるという特徴をもっています。そして，明るさの周期が長いものほど，真の明るさ（絶対光度）が明るいということがわかっています。**つまり，この性質を利用すれば，「観測された明るさの周期」から，その星の**真の明るさ**を知ることができるわけです。

周期が長いほど，「真の明るさ」が明るいわけですね。

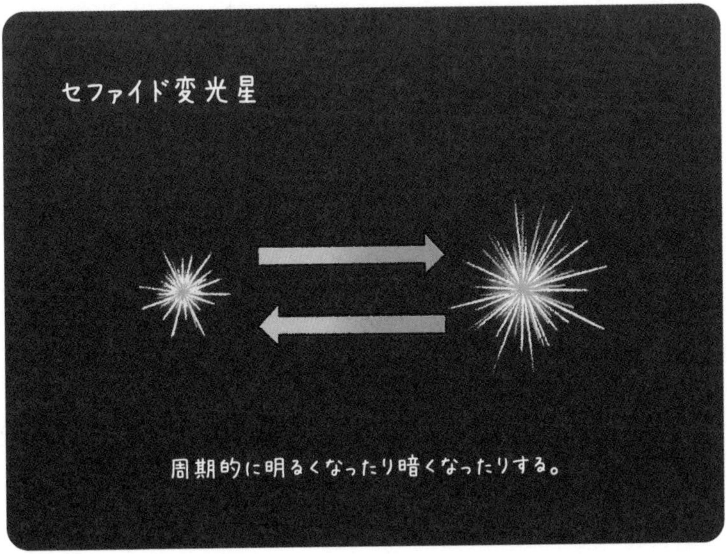

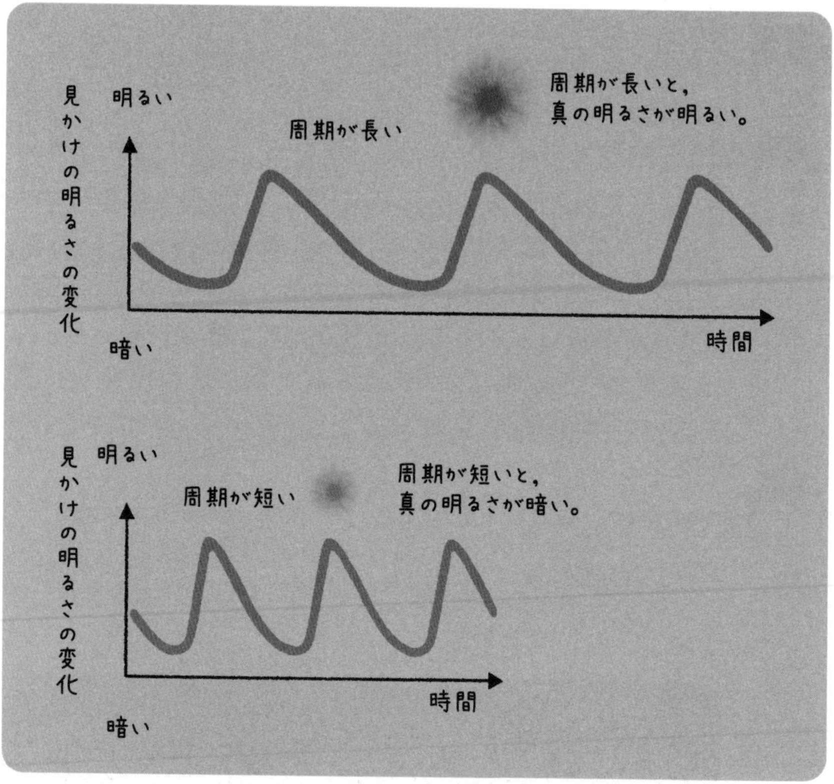

そうです。
そしてこの真の明るさが，星の距離を知るときに役に立つんです。
たとえば，同じ明るさの電球どうしでも，遠くに置いた電球のほうが暗く見えますよね？　つまり「真の明るさが同じでも，遠くにある星ほど見かけの明るさは暗くなる」ということです※。ということは，**「見かけの明るさ」と「真の明るさ」がわかれば，そこから距離を知ることができることになります。**

※：距離が２倍になれば，見かけの明るさは４分の１になる。

なるほど。
セファイド変光星は，そういう，基準となりうる性質をもってるわけですね。

そうです。観測された見かけの明るさと変動の周期（真の明るさ）から，セファイド変光星の距離を高い精度で知ることができます。**さらに，セファイド変光星はすごく明るい星なので，6500万光年程度まではなれたほかの銀河の距離の測定にも利用されます。**

すごい！　じゃあ，天の川銀河の中に，セファイド変光星をいっぱい見つければいいというわけですね！

その通りです。
中国のチームは約1300個，ポーランドのチームは約2400個の変光星の距離のデータを使って，天の川銀河の形を推定しました。一方，チリのチームは，より精度の高い観測で，新たに640個のセファイド変光星の距離を測定しました。

そんなにたくさんですか！

ええ。その結果，天の川銀河の形は，真横から見ると，一般にイメージされるようなパンケーキみたいな平らな形ではなく，ゆるやかにたわみ，端のほうが広がっていることがわかったのです。
不思議ですが，これまでに得られたガスの分布データからすると，この形は天の川銀河だけでなく，ほかの銀河にも見られるのではないかと考えられているようです。

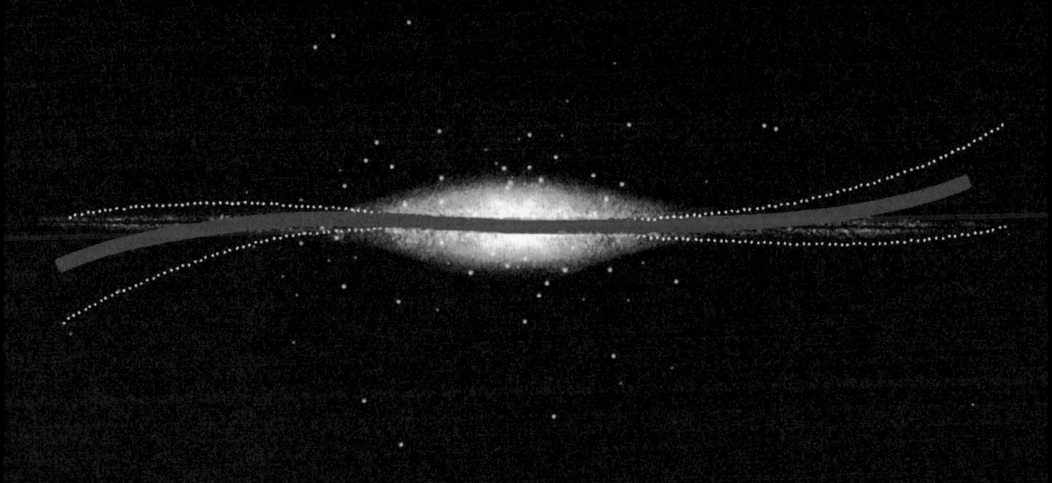

天の川銀河内の多くのセファイド変光星までの距離を精度よく調べた結果，真横から見た天の川銀河はゆるやかにたわんでおり（太い赤の曲線部分），両端が上下方向に広がっていることがわかった（点線部分）。

本当だ，**たわんでますねぇ……。**
なぜこんなふうにたわんでいるんでしょうね？

もともとは平らだった天の川銀河の円盤に，近くの小さな銀河やダークマターなどがぶつかってたわんだのではないかという説があります。
また，円盤の端のほうは，星やガスなどの物質の密度が薄く，重力でまとまる力が弱いうえに，矮小銀河やダークマターなどがぶつかることで上下方向に広がっているのではないかと考えられています。

なるほど。

**ちなみに，セファイド変光星の観測は，天の川銀河の形がわかるというだけにとどまりません。今後，さらに観測と分析を重ねれば，天の川銀河全体におけるセファイド変光星の完全なカタログができるのではないかと期待されているのです。**先ほどお話ししたガイア衛星が，新しいセファイド変光星を見つける可能性もあります。

セファイド変光星がいっぱいあればあるほど，天の川銀河のリアルな全貌が見えてくるわけですね！

その通りです！
今回の三チームの研究では，明るさの周期の情報などからセファイド変光星の年齢のデータもそろいました。多くのセファイド変光星の年齢と分布データがそろえば，天の川銀河内のどこでセファイド変光星が生まれ，その後どう広がっていったのかを推測することができます。

すごいですね！

そしてこの推測から，天の川銀河の渦巻腕がどういうしくみでできて，その後その形がどのように変わっていったのか，今後どう変わっていくのかを探るヒントが得られるかもしれないのです。

天の川銀河の構造だけでなく，どう変わっていくかまで推測できてしまうんですね！

さらにさらに！
一つ一つのセファイド変光星を構成している元素の種類とその割合（化学組成）をくわしく調べることもできます。セファイド変光星の分布と化学組成の情報がわかれば，天の川銀河のそれぞれの場所で，どのように重い元素がつくられてきたのかといった歴史を知ることにつながります。

うわ〜！
宇宙の謎みたいな部分まで食い込んでいけるんですね。
セファイド変光星，まさに**期待の星**ですね！

## 見えない何かが銀河を包み込んでいる

天の川銀河をつくっている第1の素材は「恒星」，第2の素材は「ガス」とお話ししました。ところが天の川銀河には，実は**第3の素材**があるのです。

第3の素材？

ええ。星は可視光や赤外線などで，ガスは電波でとらえることができました。
**しかし不思議なことに，この第3の素材は，私たちには観測できないものなんです。**

そんなバカな！　だって観測できないのに，なぜ「第3の素材」なんていえるんですか!?

おかしいですよね。でもそれは，天体の運動を観測した結果から，**「観測はできないけれど，必ず存在する」**という結論が導きだされたものなのです。

天体の運動から？

はい。たとえば天の川銀河の円盤が回転運動していることや，その回転速度も観測からわかっています。しかし，その回転速度を説明するには，観測されている星やガスの質量をすべて足しても，圧倒的に質量が不足しているんです。つまり，「見えているもの」の質量だけだと，実際に観測される回転速度と合致しないのです。

ええ〜!?

それだけではなく，天の川銀河本体の近くにある球状星団や矮小銀河の運動を調べると，星やガスの質量だけでは，これらを天の川銀河の近くにつなぎ止めておくことができないのです。

な，なるほど。
だから「何かは見えないけど，でも何かある」わけなんですね……。それって，何なんですか!?

この正体不明の物質は**ダークマター**とよばれています。ダークマターは，天の川銀河を取り巻くように球状かラグビーボールのような形で分布していると考えられています。このようにダークマターが集まったものを**ダークハロー**といいます。

銀河の回転に影響するほどの質量なのですよね。
いったい，どれぐらいの質量なんです？

ダークハローは，質量，直径ともに，天の川銀河円盤の10倍程度はあると考えられています。
**つまり，ダークハローの質量は太陽の1兆〜数兆倍で，直径は100万光年にもなる計算です。**

天の川銀河の10倍〜!?
ひゃあぁ〜！

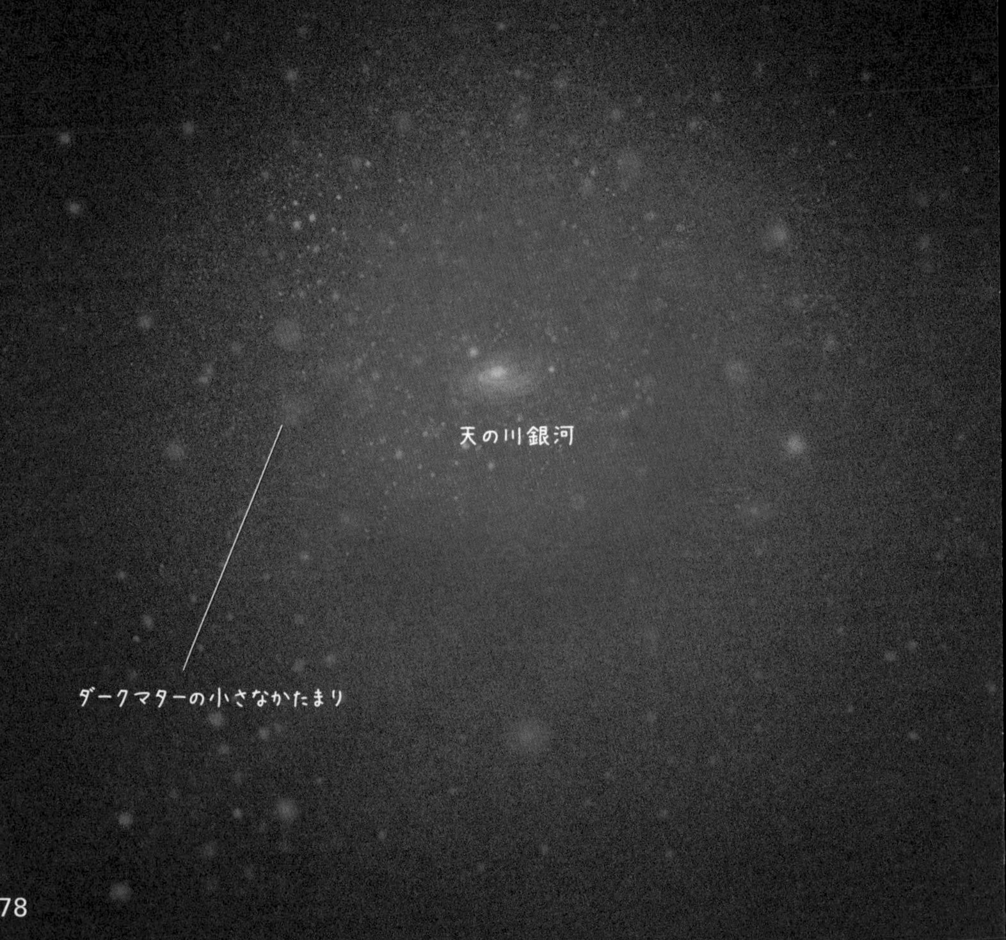

とんでもないでしょう？
これだけのものが，星やガスに影響をあたえないはずがありません。銀河の誕生や成長を考えるうえで，主役はむしろダークマターであり，これを無視することはできないのです。

# 2

時間目

# 天の川銀河をつくる天体たち

STEP 1

# 天の川銀河の中で輝く無数の星たち

**天の川銀河には，太陽のような恒星や恒星の集団，そしてガスでできた星雲など，多種多様な天体が存在します。ここでは，天の川銀河を構成するさまざまな天体にフォーカスしてみましょう。**

## 肉眼では天の川全体の2500万分の1の星しか見えない

1時間目では，天の川銀河全体の構造についてお話ししました。
ここからは，そんな天の川銀河を構成する天体や，それらがどのように分布しているのかを見ていきましょう。

天の川銀河には，約1000億〜数千億個もの星があるんですよね。私たちが地球から見ることができる星って，そのうちのいくつくらいなんですか？

現在，夜空には約8800個の星を見ることができます。星は明るい順に**−1〜6等級**であらわされていて，このうち，肉眼で見える一番暗い星が6等星です。**明るい星をすべて集めても，天の川銀河にある星の約1000万〜数千万分の1しか見えていない，ということですね。**

約1000万〜数千万分の1ですか……。
想像以上の少なさですね。

そうですね。
これらの，地球から見える6等星より明るい星は，天の川にそって平べったく分布しています。
これは，**天の川銀河では中心に近いほど星が多く存在しており，また，銀河円盤に垂直な方向よりも水平な方向に星がたくさん存在するためです。**

地球からは，どれぐらい遠くまで見渡せるんですか？

**見える星が存在する領域は，私たちの地球からほんの数百〜1000光年程度の範囲です。**
天の川銀河の直径が10万光年だと考えると，目で見える星は，きわめて近い距離にある星だといえますね。

はぁ〜……。私たちが見渡してる夜空って，ものすごく小さな範囲なんですね。

天の川銀河を上から見たところ
バルジ
ペルセウス座腕
オリオン座腕
いて座腕
地球
北極星
オリオン座腕
天の川銀河を横から見たところ
北極星
地球
銀河面
バルジ
オリオン座腕

## 天の川銀河を上から見た拡大図

左ページの上から見た天の川銀河のイラストの赤枠部分を拡大した。イラスト中のピンクの点が地球。そのまわりが，6等星より明るい星が分布する範囲。その範囲が天の川銀河の中心方向に伸びているのがわかる。ピンクの横線は地球と天の川銀河の中心を通る線で，灰色の縦線は横線に対し垂直な方向へ銀河面にそって引いてある。

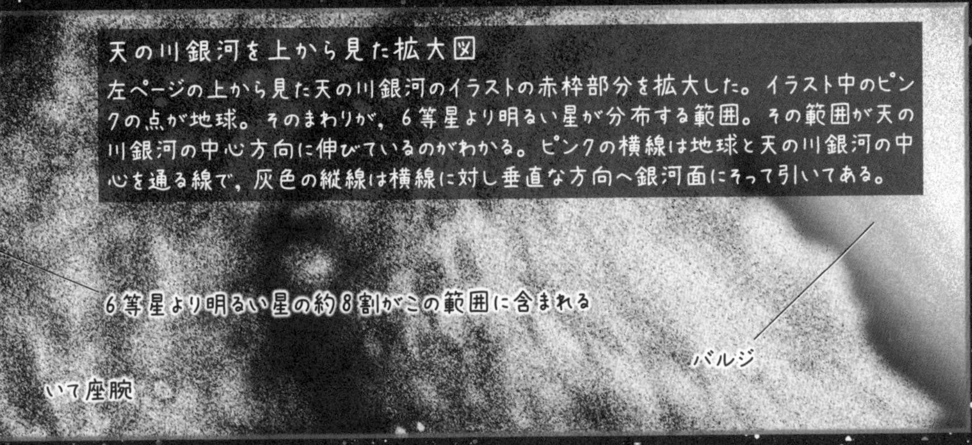


## 天の川銀河を横から見た拡大図

左ページの横から見た天の川銀河のイラストの赤枠部分を拡大した。イラスト中のピンクの点が地球。そのまわりが，6等星より明るい星が分布する範囲。上のイラストとくらべると銀河面に対し扁平な形をしている。

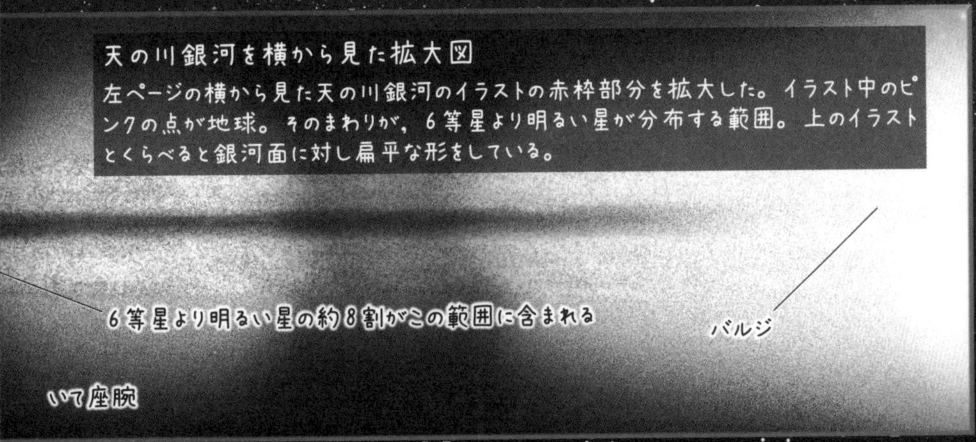

## 夜空に見える88の星座

満天の星空を眺めると，「宇宙は広い」なんて思っていたんですけど，それが「ごく狭い範囲」だったとは……。
昔は電気がないから夜空は常に満天の星だったわけで，昔の人は星を眺めて何かに見立てたり，明るい星を目印に旅をしたりしていたわけですよね。
宇宙は現代よりもすごく身近なものだったのかもしれないですねえ。

そうですねえ。
古代人は明るい星を線で結んで，神話や農事，漁などの絵柄をえがき，それに名前をつけて生活と関連づけていたんですね。それをグループとしてとらえたものが**星座**です。
ちなみに星座が全部でいくつあるかはご存じですか？

えっ，どれぐらいあるんだろう。**12星座**はありますよね。あとはオリオン座とかこぐま座とか……。

なるほど。正解は**88個**です。
現在の星座は，1928年に国際天文学連合が，メソポタミア起源の星座名を基礎として，全天を88に区分し，正式に定めたものなんです。

へえぇ！　そんなにあったなんてはじめて知りました。メソポタミア人の発想が現代の天文学に生きているなんて，なんだかロマンを感じるな……。

そうですよね。ここで少し，星座についてお話ししましょう。かつて宇宙は，地球を中心とする半径が無限の球体**天球**であり，星は天球に貼り付いていると考えられていました。星座も，構成している一つ一つの星はそれぞれ三次元的にバラバラな位置にあるのに，二次元的にとらえられていたのです。

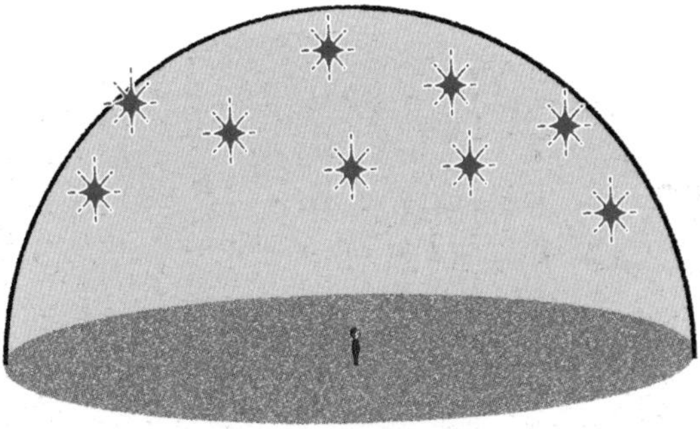

なるほど～。古代の人々は，巨大な天井画みたいな感じで星座を眺めていたんですね。

そうです。
そして，実際には，バラバラな距離にあるこれらの星々を一つの球面の上にあるようにえがいたのが**天球図**です。

天球図？

はい。天球図は，地球の赤道面を拡大して設けられた「天の赤道」によって，北天と南天に分けられます。**天球図の星々の位置と動きから，地球が運動しているようすや，天の川銀河の中心方向などを知ることができます。**

たとえば，天の北極や天の南極は，動くことがありません。つまり，地球の自転運動によってあらわれる星座の**不動点**なのです。

北天

星座って，重要な役割をはたしているんですね。

南天

## 星座をつくる星たちの距離はばらばら

今お話ししたように，天球図では，星座をかたちづくる星は，同じ平面上にあるように見えますが，実際はそれぞれの星までの距離はバラバラです。

どの星も，それぞれ地球からの距離はちがうわけですからね。

たとえば，**はくちょう座**を見てみましょう。この中のA，B，Cという三つの星を見たとき，私たちの目には，それらは同じ平面上に貼り付いているように見えます。

はい。

下のイラストは，はくちょう座を横から見たところです。地球からの距離を見てみると，Bは比較的近いところにあり，逆にAはとても遠いところにあります。

バラッバラですね。

そうでしょう？　地球以外の星から星座をながめると，はくちょうとは別の配置で見えるはずです。夜空に輝く星座の形は，地球から見たとき，たまたまそう見えるにすぎないのです。

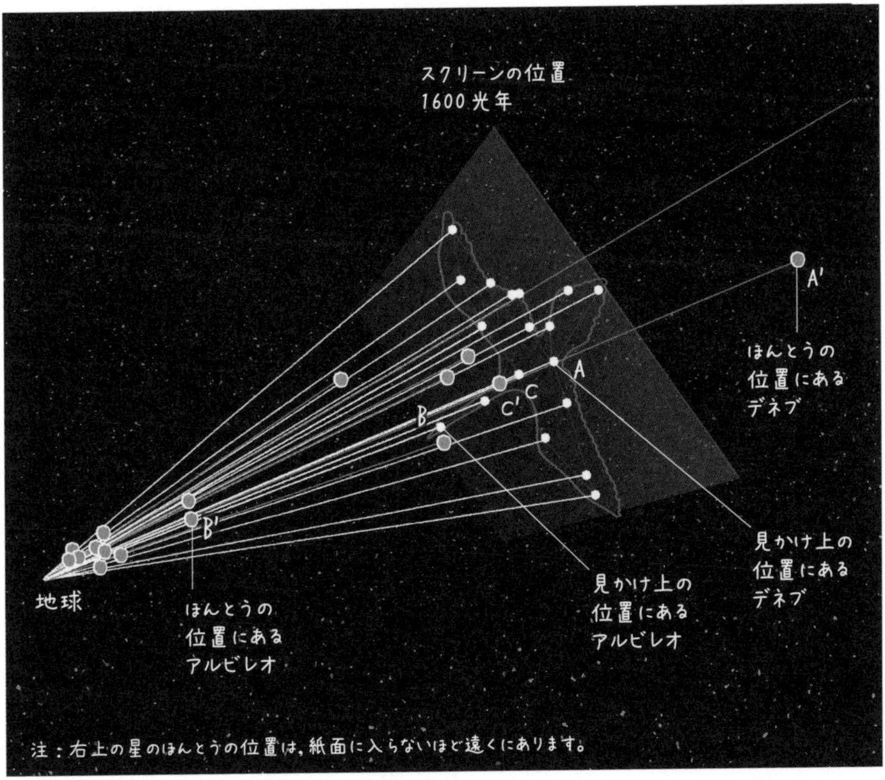

別の星に住んでいる宇宙人は，私たちとはまったくちがう名前をつけているでしょうね。

ハハハ！　そうですね。
ちなみに前のページのイラストは，ESA（ヨーロッパ宇宙機関）が1989年に打ち上げた位置天文観測衛星**ヒッパルコス衛星**が観測したデータをもとに作成されたものです。

実際の観測記録がもとになっているわけですか！

はい。**年周視差法**という方法を用いて，地球からその星までの距離をはかり，それをまとめたものが，**『ヒッパルコス星表』**として，1997年に発表されているのですよ。

ねんしゅうしさ？

地球が太陽を回る間に，星の見える方向はずれていきます。**観測時期を半年ずらすと，地球は太陽をはさんで正反対の位置にくるので，星のずれが最大になります。このずれの角度の半分の量を「年周視差」というのです。**太陽と地球間の距離はわかっているので，年周視差をはかれば，三角形の辺の長さと角度の関係から，星までの距離がわかるのです。

ちょっとむずかしいですが，とにかく正確なわけですね。

はい。天体の距離の計測は非常にむずかしく，観測結果にはかならず誤差が含まれます。

しかし，このヒッパルコスのデータは誤差が1000分の1秒角（1秒角は3600分の1度）以下でした。

**ものすごい精度ですね！**

すごいでしょう。
現在は日本の**VERA（ベラ）計画**や，ヒッパルコス衛星の後継機として打ち上げた位置天文観測衛星**ガイア**によって，より高精度な観測が行われています。

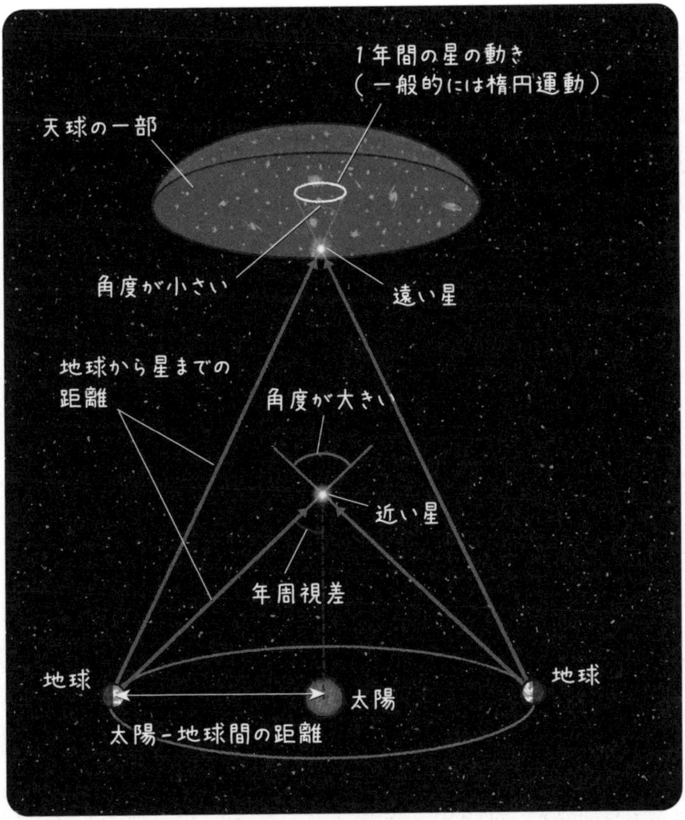

## 黄道12星座をつくる星たちの位置を確認しよう

先生，「星座」で思い出したのですが。星座というと，占星術の**12星座**がありますよね。星座は88個もあるのに，その中からなぜ12星座が選ばれているんですか？

おっ，いいところに気がつきましたね。
ではここで，12星座の位置を確認してみましょう。
次のイラストは，**黄道《こうどう》12星座**の3Dマップです。

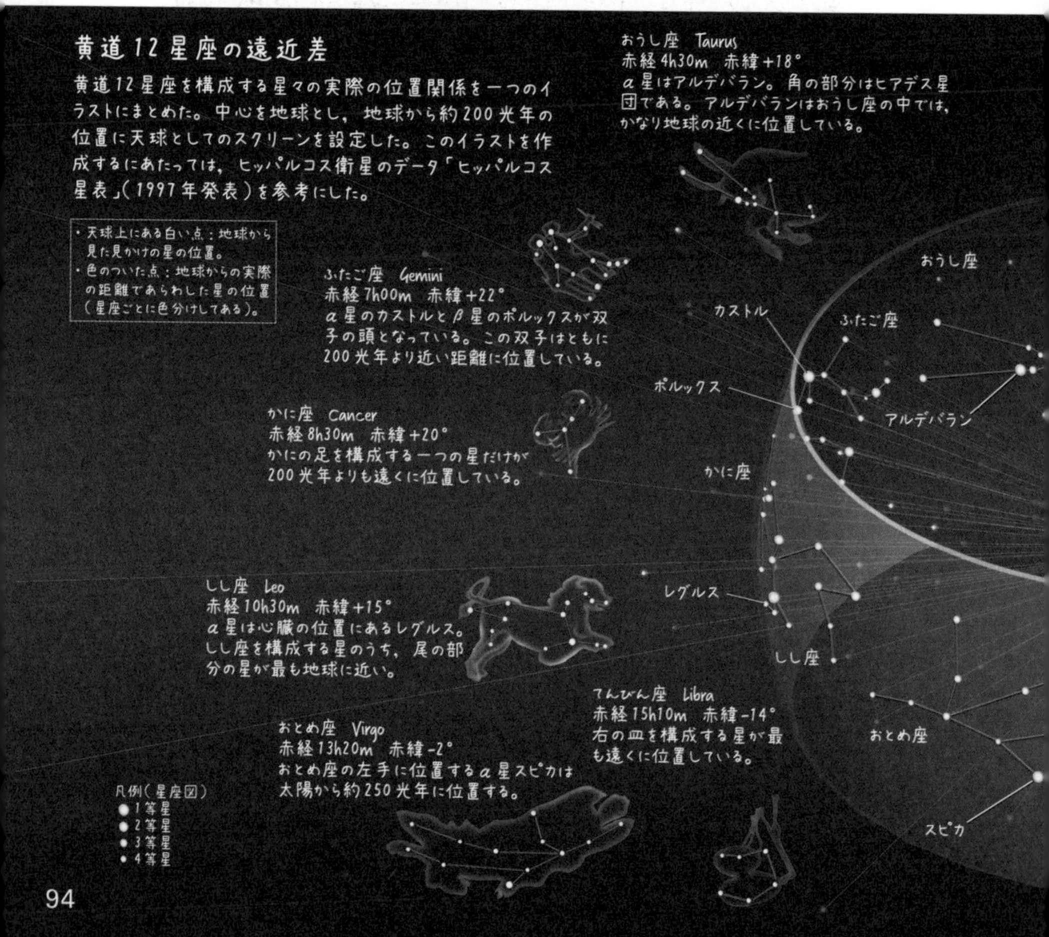

ちょっとまってください。
**黄道**って何ですか？

**黄道とは，天球上で太陽が通る道筋のことをいいます。太陽は全天を88の領域に分けている星座のうち，ほぼこの12星座の上を通るのです。** これは天球上で見れば，私たちを取り囲む**大きな円**として表現できます。

ああ〜！　だから「黄道12星座」というんですね！
太陽が通る道筋上の星座が選ばれているわけですね。

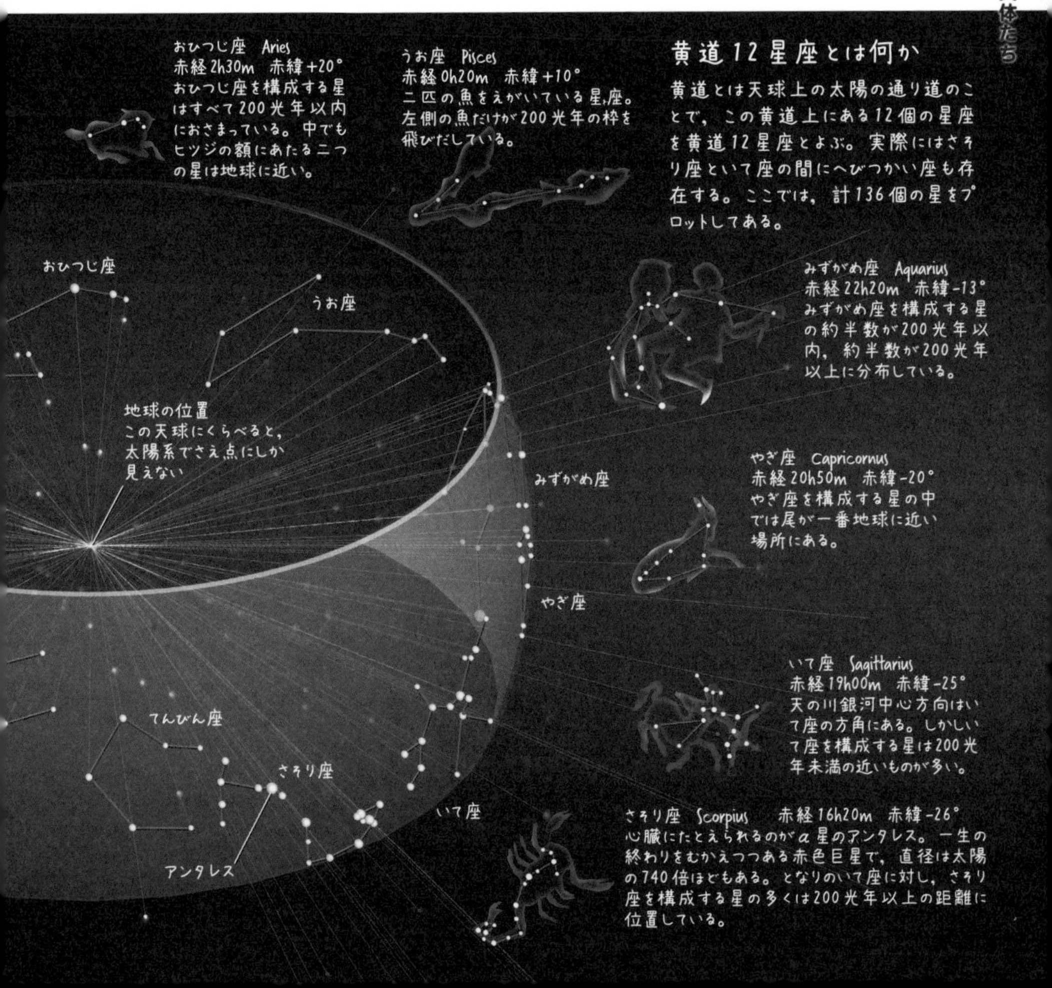

その通りです。
イラストでは，黄道を含む半径およそ200光年の天球面の一部を帯状にえがいています。
この直径400光年の領域は，天の川銀河の直径10万光年とくらべれば，**250分の1**しかありません。

360度の**映画のスクリーン**みたいですね。

まさにその通りで，この面はいわば“**天球上のスクリーン**”と同じであり，私たちがふだん見ている星座の形がこの面内に映しだされていると考えてください。（※天球面を外側から見た状態なので，手前側の帯には，普通の形とは裏表逆に映った形の星座がえがかれています）。

なるほど。

また，各星座をかたちづくっている星々は，どれもバラバラの距離のところにあるので，ある星はこの面よりも前に，またある星はこの面よりもうしろにあることがわかると思います。

昔の人たちは，星座の星々が，こんなにはなれた位置関係にあるなんて知らなかったんですよね。

そうです。人類と，こうした星座をかたちづくっている夜空の星々とのつきあいは非常に古いですが，おのおのの星々までの距離が明らかになってきたのは，**19世紀以降**のことなのです。

## 星座の形は，どんどん変わる

昔の人々と星座の関係について，先ほどお話ししましたが，実は星座は，昔からずっと同じ形というわけではありません。

どういうことですか？
星座の形って変わっていくものなんですか？

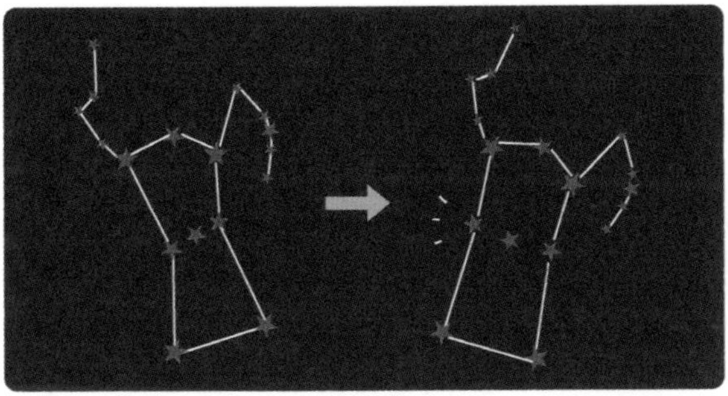

そうなんです。
星座をかたちづくっている自ら輝く星を**恒星**といいます。**なぜ恒星とよばれているのかというと，恒星はかつて「地球のような惑星とはちがって，まったく動かない星である」と思われていたからなんです。**だから恒星とは，「恒常的（変化しないという意味）にそこにある星」，つまり“動かない星”という意味でつけられたわけです。

はじめて聞きました。
じゃあ，星座の形も変わらないはずでは……？

ところが，実際には恒星は，高速で宇宙空間を動いています。これは**固有運動**※とよばれ，各々の恒星に固有のものなんです。

そうだ，太陽も秒速250キロメートルものスピードで回転してるって……。先生，でもどうして，恒星は動いているように見えないんですか？

それは恒星までの距離が何光年もの遠方にあるため，その動きを短い期間でとらえることができないからです。

短い期間？
100年とか，1000年とか……？

それくらいの短い期間では，恒星の動きはあまりわからないでしょうね。
たとえば**北斗七星**（おおぐま座）の動きを10万年前の過去から現在，そして10万年の未来まで見てみましょう。現在は七つの星がひしゃくのようにつらなっていますが，10万年後にはそれをひっくり返したような形になっています。

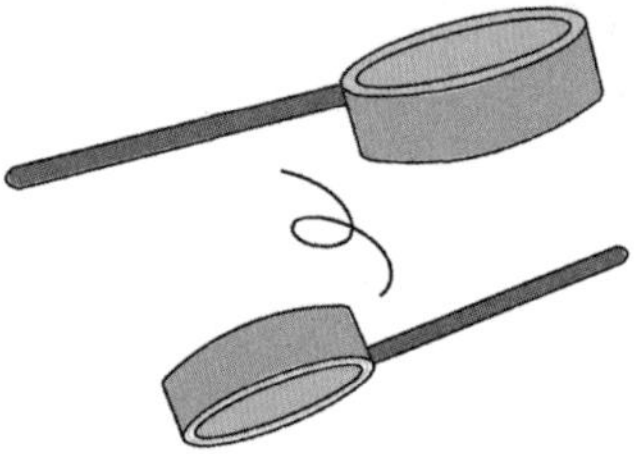

※：天文学で「固有運動」とは，天球上で恒星が1年間に何秒角だけ移動するかという見かけの角速度で定義される。ここでは便宜的に，毎秒何キロメートルといった実際の速度も含めて固有運動とよぶことにする。

**ホントだ！**

10万年単位で見るんですね。100年や1000年なんて期間じゃ，わかりませんねぇ……。

10万年前から10万年後までの，北斗七星の姿

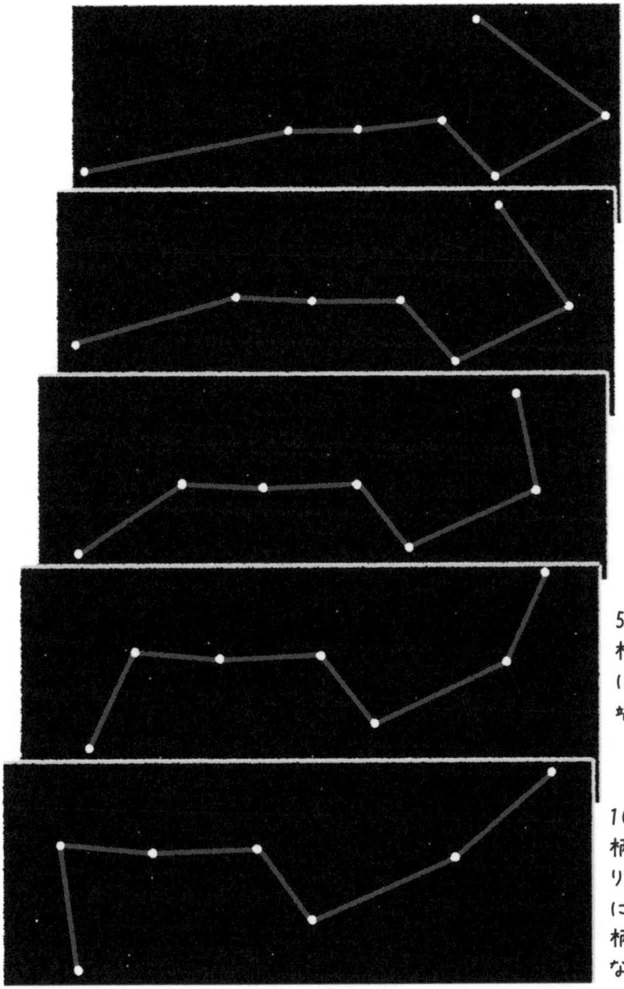

10万年前
現在よりもひしゃくの合が深く，柄が長いです。

5万年前
ひしゃくの合がやや開き，柄の先端の星が移動して曲がりはじめます。

現在
柄はさらに角度をもち，持ちやすい形になっています。

5万年後
柄の先端の星はさらに移動し，合の先端は開きはじめます。

10万年後
柄は完全に折れ曲がり，合の先端は完全に開きます。ちょうど柄が合に，合が柄になったように見えます。

実はもっと短い時間の間にも，夜空には大きな変化がおきます。地球から星空を観測していると，星座は1日に1回，**北極星**を中心に回っているように見えますよね。

はい。登山中に迷ってGPSが使えなくなった場合，北極星の位置は変わらないから，それを目印にするといいって聞いたことがあります。えっ，もしかして北極星の位置も変わってしまうんですか？

ええ。
**将来，星座の回転中心（北極点）は北極星ではなくなってしまうんです。**

**それは困る！**

まあ，数千年ののちのお話ですけどね。
**なぜ北極星が回転中心でなくなるのかというと，地球の自転軸がコマのように，ミソすり運動（歳差運動）をするからです。**
コマは，それ自体が回転（自転）すると同時に，自転軸の方向もゆっくりと回っていくんです。次のイラストを見てください。

なるほど……。

数千年ぐらいの時間間隔では，個々の星座の形や星座どうしの位置関係はほとんど変わりません。
しかし，北極点の位置が星座の間をぬうようにして動いていくと予測されているのです。

## 北極点が回るようす

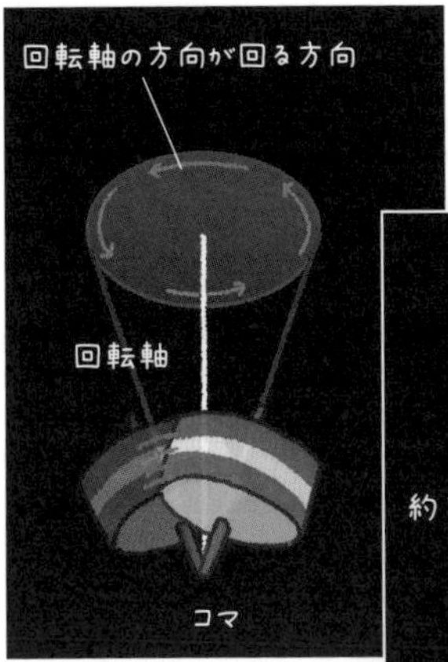


コマは回転しながら，回転軸の方向も回ります。コマの回転は地球の自転に，回転軸の方向は北極点に相当します。

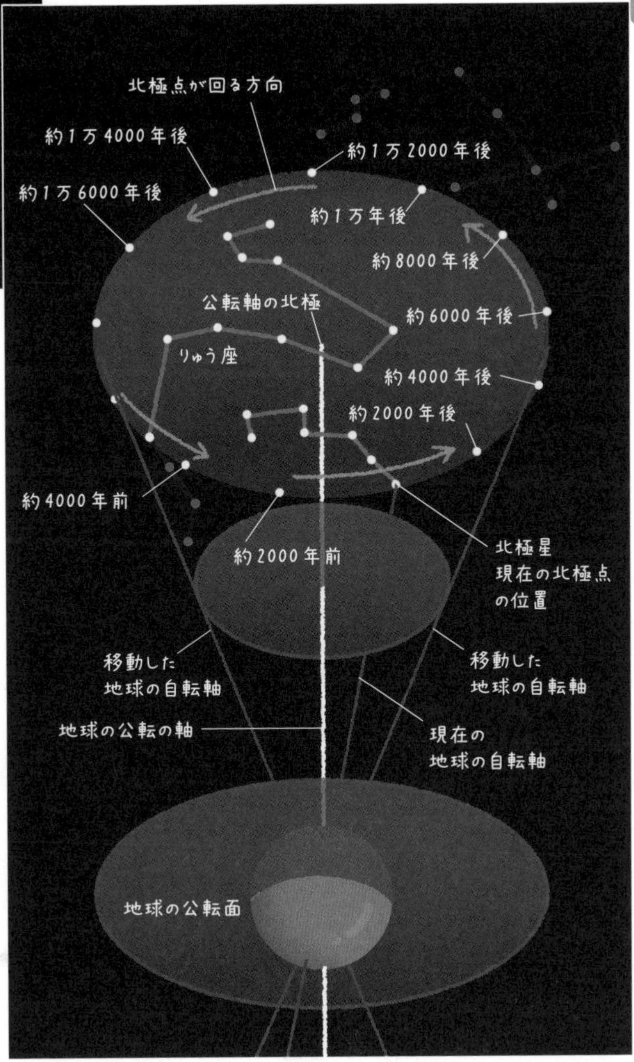

## 隣の恒星に行くには，光でも4.2年かかる

先生，ちなみに，太陽以外で地球に一番近い恒星は，地球からどれぐらいの距離のところにあるのですか？

太陽系に最も近い恒星は，ケンタウルス座にある**プロキシマ・ケンタウリ**です。距離は地球から約4.2光年（およそ40兆キロメートル）です。この次に近いのは，非常に明るい恒星，**ケンタウルス座アルファ星**で，距離は地球から約4.3光年です。一見一つの星のように見えますが，実は二つの恒星の連星で，ケンタウルス座プロキシマ星とトリオをつくって運動しています。

4.2光年と4.3光年かぁ……。
直径10万光年の天の川銀河からすると，すぐ隣りじゃないですか。感覚的にはすぐ行けそうですけど。

**ところが！**
最も近いといっても，私たち人類がそこに行こうとすると，考えられないくらいの時間が必要になります。ためしに，私たちの太陽系の惑星の中で，一番外側を回っている**海王星**を用いて，その遠さを実感してみましょう。

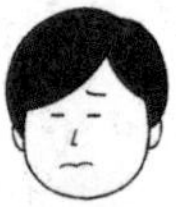

そんな遠いわけでもなさそうだけどなあ～。

まず，太陽から海王星までの平均距離はおよそ**45億キロメートル**です。実は，人類が送りだした探査機**パイオニア10号**や**ボイジャー1号**は，この距離をこえて，事実上太陽系の主要部を脱出することに成功しています。

ほうら，脱出できてるじゃないですか。

そうなんですよ。
この旅の間の速度を平均すると，およそ**秒速10キロメートル**のスピードで宇宙空間を飛行しています。

**びょうそく10キロ!?**
とんでもないスピードじゃないですか！

地球からロケットが飛びだすときに必要な速度が**秒速11キロメートル**ですから，その速さたるや……おわかりいただけるでしょうね。

わかりますとも！
だって1秒で10キロですよ〜!?

フフフ。パイオニア10号は1972年に打ち上げられました。**秒速10キロメートルのパイオニア号は発射後，太陽系の脱出までにおよそ20年かかったのです。**

**に，にじゅうねん〜!?**

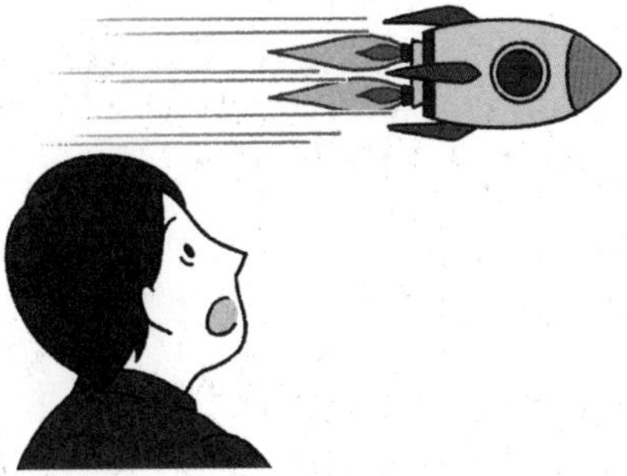

はい。秒速10キロメートルで20年もかかったんです。このパイオニア号がケンタウルス座プロキシマ星に到達するには，どれくらいの時間がかかると思いますか？

ええと，ええと……。

単純な計算をしてみると，これほどの速さで飛行しても，およそ**10万年**かかるという結果がはじきだされるのです。

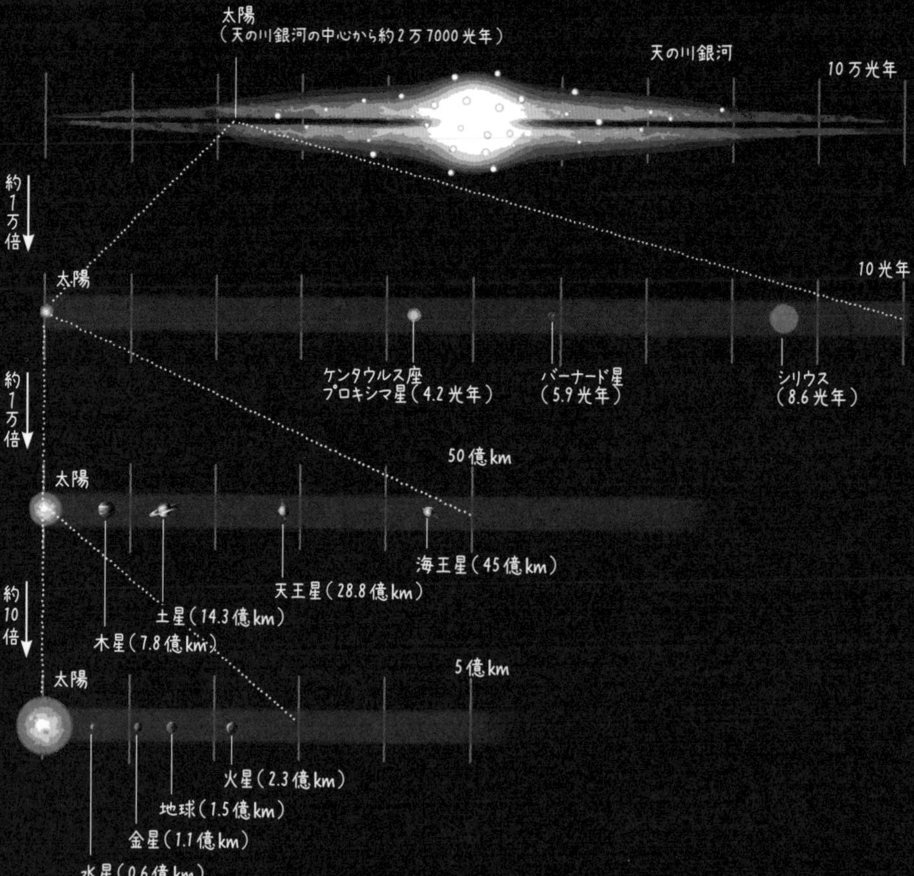

## じゅ，じゅうまんねん……。

**太陽から最も近い恒星に到達することさえ，少なくとも当分の間は人類には不可能といえます。**
天の川銀河には1000億～数千億個もの恒星がひしめいています。しかし，その恒星どうしの距離は，私たちの日常的な感覚でははかりしれないほど，とてつもなく大きなものなのです。

太陽から近い距離にある恒星

| | 星名 | 距離 |
|---|---|---|
| 1 | ケンタウルス座プロキシマ星 | 4.2光年 |
| 2 | ケンタウルス座アルファ星 | 4.3光年 |
| 3 | バーナード星 | 5.9光年 |
| 4 | ウォルフ359 | 7.7光年 |
| 5 | ララウンド21185 | 8.3光年 |
| 6 | くじら座UV星 | 8.4光年 |
| 7 | おおいぬ座シリウス | 8.6光年 |
| 8 | ロス154 | 9.7光年 |
| 9 | ロス248 | 10.4光年 |
| 10 | エリダヌス座ε星 | 10.5光年 |
| 11 | CD-36°15693 | 10.7光年 |
| 12 | ロス128 | 10.9光年 |
| 13 | L789-6 | 11.2光年 |
| 14 | はくちょう座61番星 | 11.4光年 |
| 15 | こいぬ座プロキオン | 11.5光年 |
| 16 | BD+59°1915 | 11.6光年 |
| 17 | グルームブリッジ34 | 11.7光年 |
| 18 | G51-15 | 11.7光年 |
| 19 | インディアン座ε星 | 11.8光年 |
| 20 | くじら座τ星 | 11.9光年 |

## 太陽系の近くには明るい星が集まっている

次に，星空の中でもひときわ目立つ，**1等星より明るい恒星**の位置関係も見てみましょう。
1等星よりも明るい恒星は非常に目立つため，星座をかたちづくる主役となっています。

先生，素朴な疑問なんですが，「1等星より明るい」っていいますけど，なぜ一番明るい星よりも明るい星があるんですか？

ハハハ，たしかにそうですね。
星の明るさに等級をつけるのは，古代ギリシアの天文学者，**ヒッパルコス**（紀元前190〜120ころ）がはじめたといわれています。見た目が一番明るい星から順に1等級，2等級としたわけですね。

ヒッパルコス
（紀元前190〜120ころ）

しかし，現在では星の明るさは精密にはかることができるようになったため，1等星よりも明るい星や，逆に6等星よりも暗い星もわかるようになったのです。

なるほど，そういうわけですか。

ちなみに，等級が1上がるごとに明るさは2.5倍ずつ上がります。ですから，**1等星は6等星の約100倍明るいことになります。**
今では，6等より暗い星には7等，8等とつけられ，1等星より明るい星はマイナスをつけてあらわされています。それぞれ小数点まで詳細にあらわされているんですよ。

そこまで精密なんですか。すごいですね！
1等星や，それよりも明るい恒星というのはやっぱり，星自身の輝きがめちゃくちゃ強いということですか。

必ずしもそうとは限りません。
1等星より明るい星は全部で21個あり，半数以上の11個は100光年未満の近距離に存在します。
**100光年以上遠い星の場合，巨星や超巨星といった，それ自体がとても明るい，つまり「絶対光度」が大きい星でないと，地球から1等星として見えることはありません。しかし，おうし座のアルデバランのように，絶対光度が小さい暗い星でも，近距離にあることで1等星となっている星もあります。**

星の等級は，星自身の明るさではなくて，あくまでも地球からの見え方ということなんですね。

## 1等星の半数以上が地球から100光年未満の領域にある

100光年未満の1等星より明るい星の3Dマップ
(1目盛り:25光年)

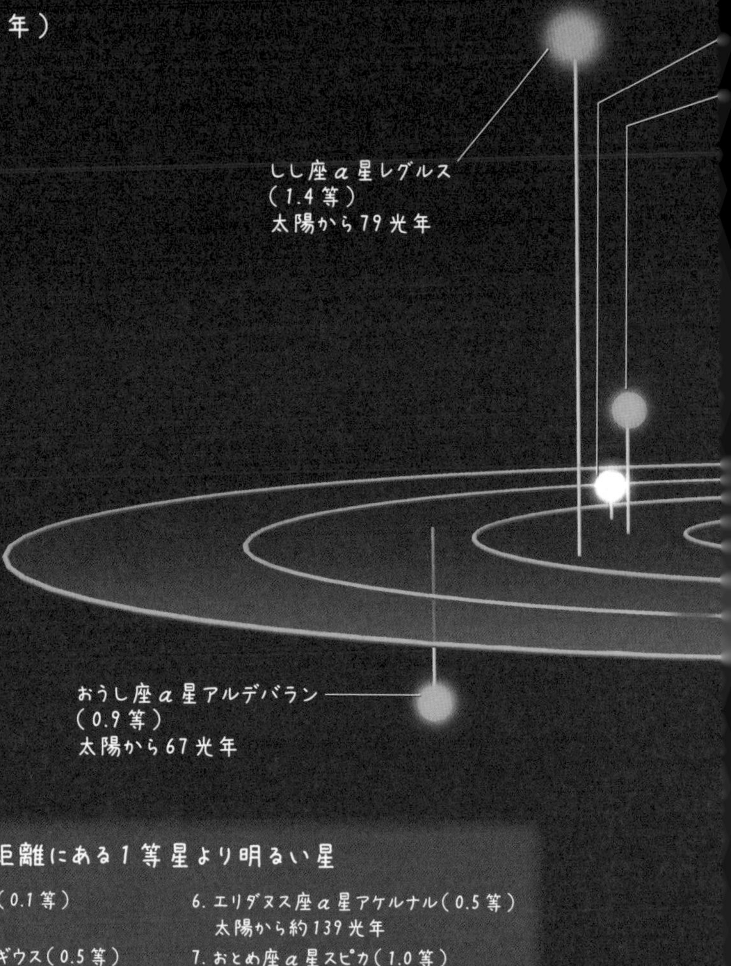


### 100光年以上の距離にある1等星より明るい星

1. オリオン座β星リゲル(0.1等)
   太陽から約863光年
2. オリオン座α星ベテルギウス(0.5等)
   太陽から約498光年
3. みなみじゅうじ座α星(0.8等)
   太陽から約322光年
4. みなみじゅうじ座β星(1.2等)
   太陽から約279光年
5. りゅうこつ座α星カノープス(−0.7等)
   太陽から約309光年
6. エリダヌス座α星アケルナル(0.5等)
   太陽から約139光年
7. おとめ座α星スピカ(1.0等)
   太陽から約250光年
8. ケンタウルス座β星(0.6等)
   太陽から約392光年
9. さそり座α星アンタレス(1.0等)
   太陽から約554光年
10. はくちょう座α星デネブ(1.2等)
    太陽から約1412光年

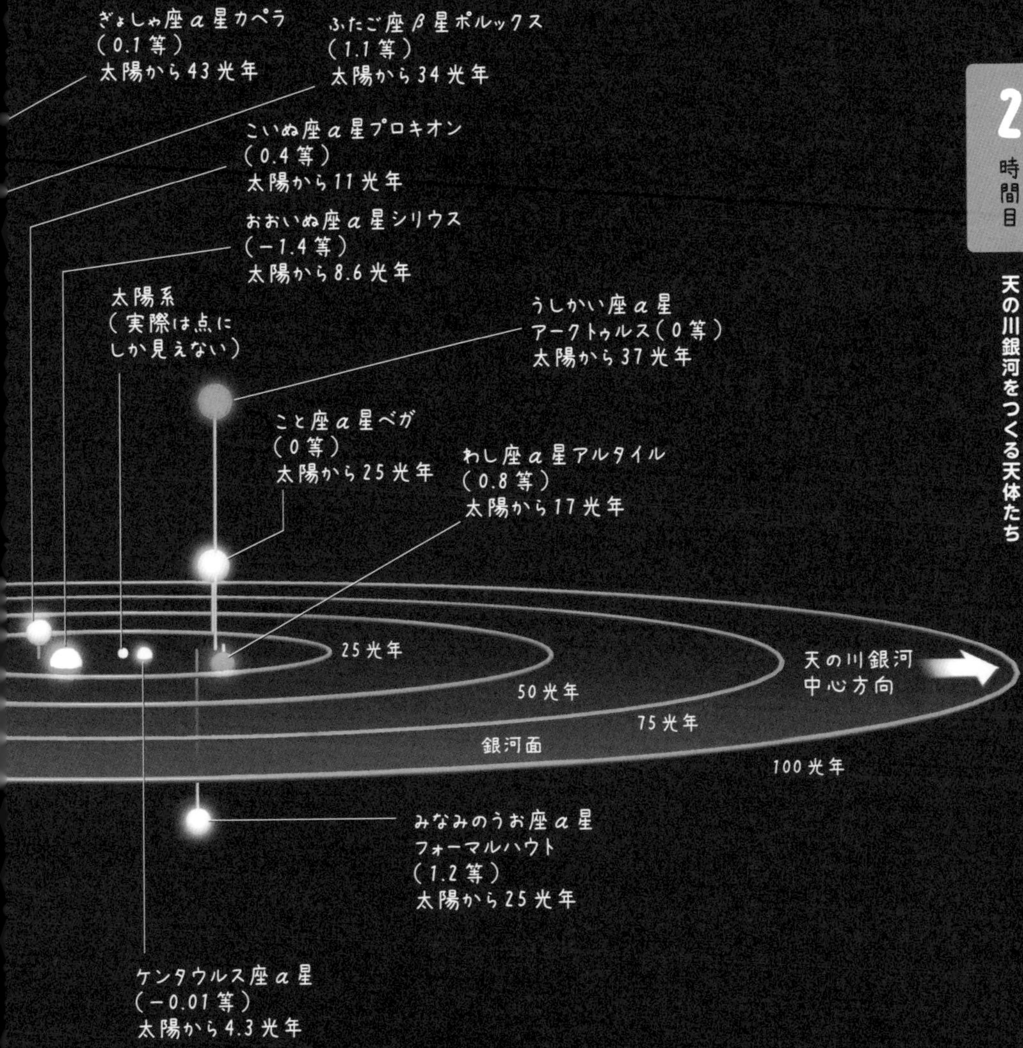
ぎょしゃ座α星カペラ
（0.1等）
太陽から43光年
ふたご座β星ポルックス
（1.1等）
太陽から34光年
こいぬ座α星プロキオン
（0.4等）
太陽から11光年
おおいぬ座α星シリウス
（−1.4等）
太陽から8.6光年
太陽系
（実際は点に
しか見えない）
うしかい座α星
アークトゥルス（0等）
太陽から37光年
こと座α星ベガ
（0等）
太陽から25光年
わし座α星アルタイル
（0.8等）
太陽から17光年
25光年
50光年
75光年
100光年
銀河面
天の川銀河
中心方向
みなみのうお座α星
フォーマルハウト
（1.2等）
太陽から25光年
ケンタウルス座α星
（−0.01等）
太陽から4.3光年

また，「1等星より明るい」と一口にいっても，おおいぬ座の**シリウス**とオリオン座の**ベテルギウス**などは，見た目の色がまったくちがいます。

恒星って，色のちがいもあるんですね。

はい。恒星はそれぞれ固有の色や明るさをもっているのです。1900年代のはじめごろ，恒星の**スペクトル型**，すなわち恒星の**光度（明るさ）**と**色（温度）**によって，さまざまな恒星の姿が分類されました。

へええ〜！
見た目とはまたちがう分類方法ですね。

この分類によると，太陽のように星の中心部で水素をヘリウムに転換し，このときに発生するエネルギーで光り輝いている恒星を**主系列星**とします。
主系列星は，すべての恒星のうちのおよそ90パーセントを占める，文字どおり多数派の星です。

光り方のちがいってことですか。

そうですね。そして，この主系列星のうち質量が太陽の8倍以上ある重い星は，比較的短い時間ののちに中心部にある水素を使い果たし，太陽の数十倍という大きさの**巨星**や，さらに大きな**超巨星**となります。

**ええっ!?　巨大化？**

はい。これらの恒星は，太陽などにくらべて非常に明るく，のちに**超新星爆発**という劇的な最期をむかえることになります。逆に，質量が太陽の8倍以下の恒星は，長い時間ののちに**白色矮星**という，青白い暗い恒星になります。**ほとんどの恒星は太陽質量の8倍以下なので，多くが白色矮星になる運命といえます。**

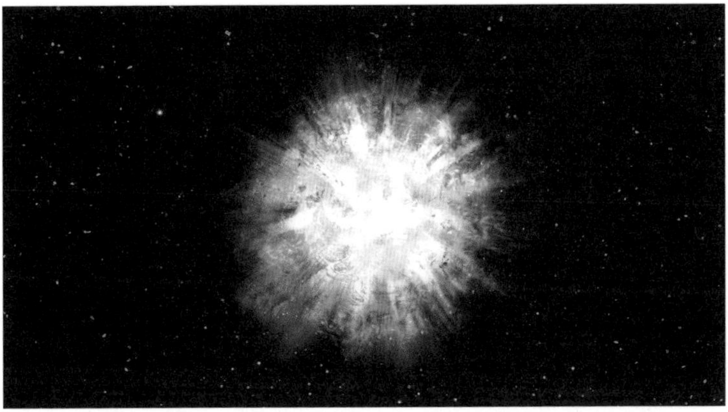

## 5000光年の範囲にはたくさんの星雲がある

先ほどは，地球に近い領域を見ましたが，ここではもっとはなれて，地球から**5000光年**ほどの領域を見てみましょう。これぐらいになると，恒星以外の天体も見えてきますよ。

かなり広い範囲ですね。どんな天体があるんだろう！ワクワク。

たとえばオリオン座の真ん中に三つ星がありますね。その下側に位置する**オリオン星雲（散光星雲）**や，みずがめ座のかたわらに位置する**らせん星雲（惑星状星雲）**，そして，おうし座を構成する星々の中でひときわ輝きを見せている**プレアデス星団（散開星団）**などです。

おお〜！　星雲とか，星団が見えてくるんですね。

はい。星雲はぼんやりと光っているように見えるものをいいます。マップを見れば，これらの天体が銀河面に近いところに集まっているようすがわかるでしょう（114〜115ページ）。銀河内には，いろんな種類の星雲や星団があるのです。

星雲や星団って，どんな種類があるんですか？

まず**散光星雲**というものがあります。
これは，ガスやちりが集まってできた雲が，その内部で生まれた高温の若い恒星の光（紫外線）を受けて**電離**し，光り輝いている天体のことです。

ガスが光り輝いているって……，何だかとても美しそうですね。ところで「電離」って何です？

原子核はプラスの電気を，原子核のまわりの電子はマイナスの電気をおのおのもっており，それによって原子は電気的に中性となっています。電離状態とは，この電気的に中性な原子から，電子またはその一部がはぎとられた状態のことをいいます。飛び散った電子はほかの電子とくっついてまた電気的に中性になろうとします。このときに光を発するのです。

ふむふむ。

**惑星状星雲**は，見た目が惑星のように見えるのでこう名づけられた星雲です。この天体は，太陽の8倍以下の質量をもつ恒星が，その最期にみせる姿です。
星の表面のガスがだんだんと外側に膨張しており，このガスが，中心に残った高密度の星の芯から放射される紫外線によって電離され，光り輝いているわけです。

最期に近い状態の星から発せられているんですね。

そうですね。先ほどもお話ししたように，ほとんどの恒星は，質量が太陽の8倍よりも小さいため，最期に外側に惑星状星雲をつくり，中心の星は白色矮星になると考えられています。

なるほど。

**散開星団**は，集団で生まれた数十～数千個の若い恒星が，まばらに集まった天体です。

おっ，こっちはフレッシュな感じですね。

そうですね。これらのほかにも，恒星が寄り集まって球状に分布する**球状星団**や，太陽の8倍以上の星が最期におこす超新星爆発によって，ガスやちりが広がってゆく**超新星残骸**などが，この5000光年の領域には確認できるようになります。

## 5000光年未満の星雲・星団の3Dマップ
（1目盛り：1000光年）

太陽系から5000光年までの距離にある主な星雲・星団。1目盛りが1000光年である。イラストの一番外側の円の直径は1万光年になる。これは天の川銀河の直径の10分の1に相当する。

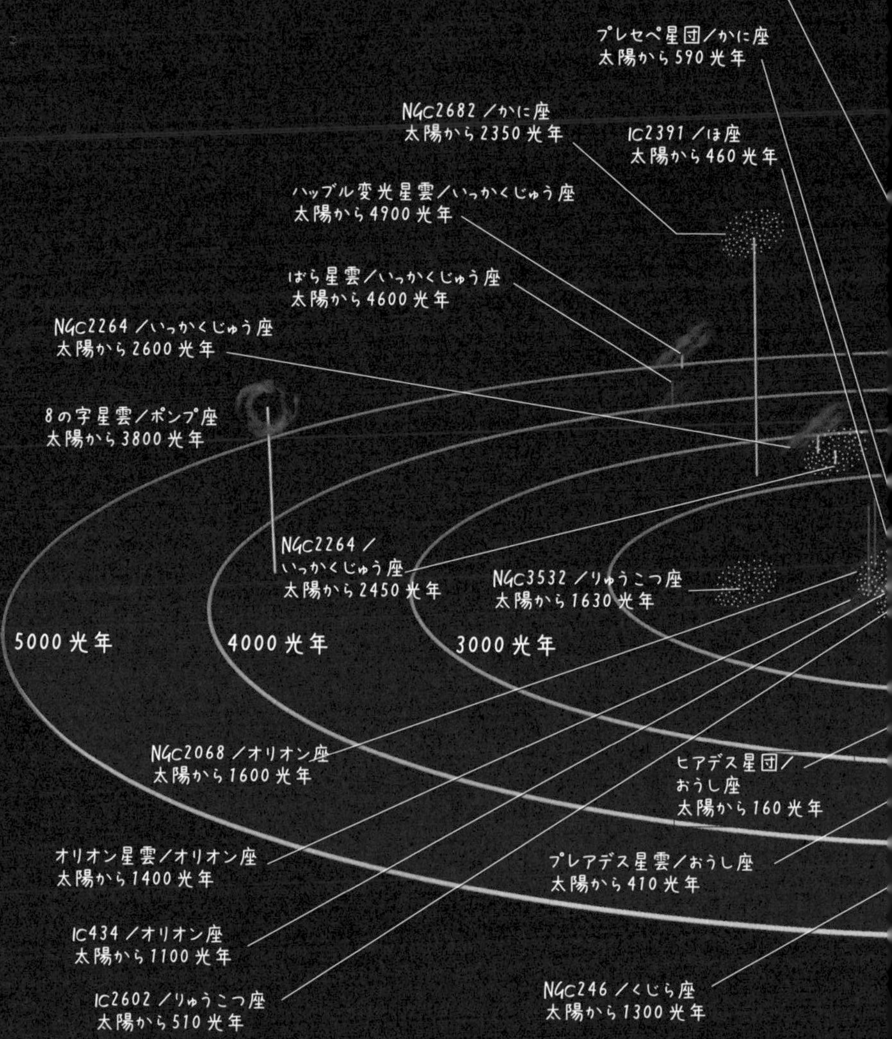

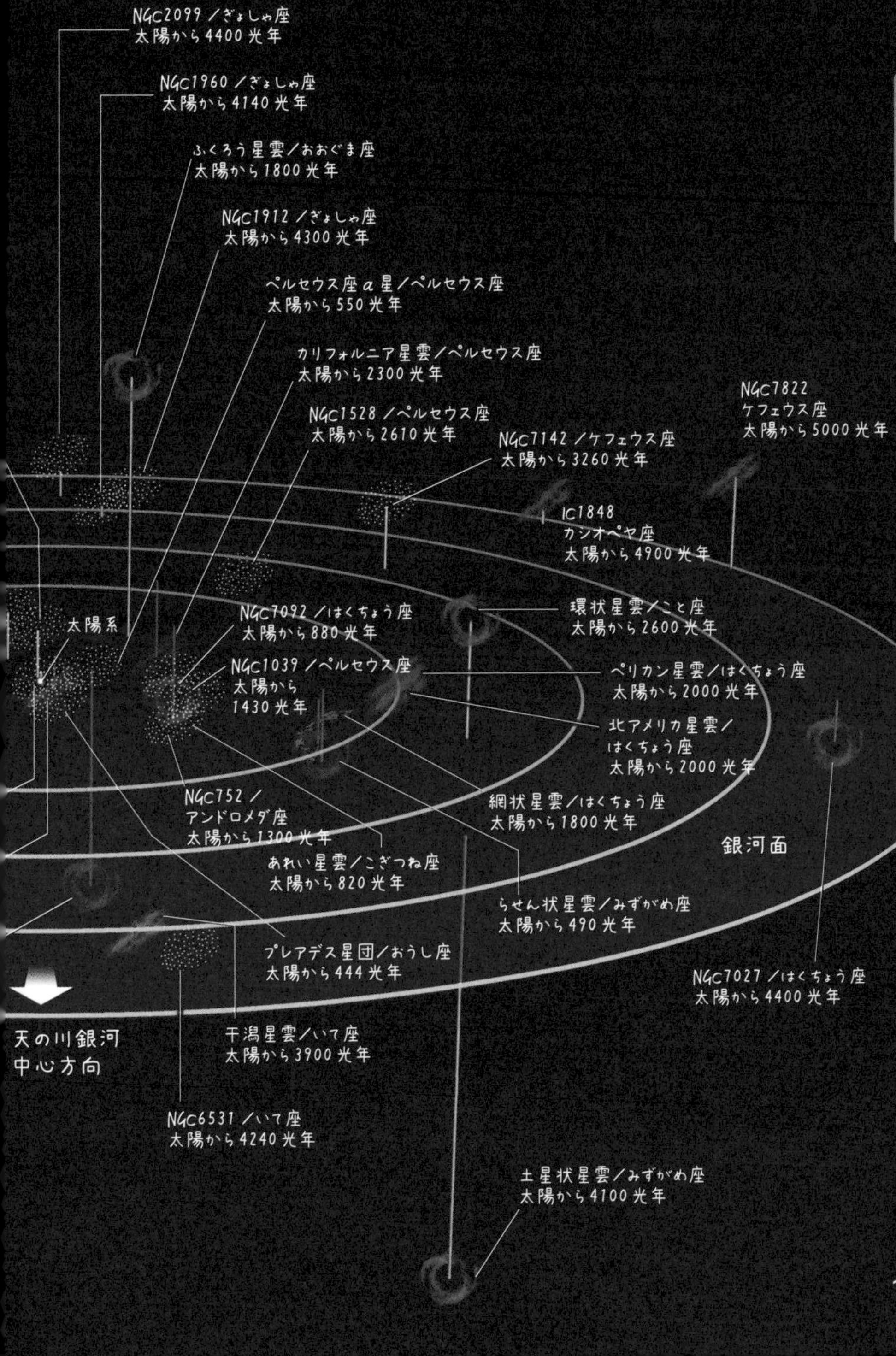
NGC2099／ぎょしゃ座
太陽から4400光年
NGC1960／ぎょしゃ座
太陽から4140光年
ふくろう星雲／おおぐま座
太陽から1800光年
NGC1912／ぎょしゃ座
太陽から4300光年
ペルセウス座α星／ペルセウス座
太陽から550光年
カリフォルニア星雲／ペルセウス座
太陽から2300光年
NGC1528／ペルセウス座
太陽から2610光年
NGC7142／ケフェウス座
太陽から3260光年
NGC7822
ケフェウス座
太陽から5000光年
IC1848
カシオペヤ座
太陽から4900光年
太陽系
NGC7092／はくちょう座
太陽から880光年
環状星雲／こと座
太陽から2600光年
NGC1039／ペルセウス座
太陽から
1430光年
ペリカン星雲／はくちょう座
太陽から2000光年
北アメリカ星雲／
はくちょう座
太陽から2000光年
NGC752／
アンドロメダ座
太陽から1300光年
網状星雲／はくちょう座
太陽から1800光年
銀河面
あれい星雲／こぎつね座
太陽から820光年
らせん状星雲／みずがめ座
太陽から490光年
プレアデス星団／おうし座
太陽から444光年
NGC7027／はくちょう座
太陽から4400光年
天の川銀河
中心方向
干潟星雲／いて座
太陽から3900光年
NGC6531／いて座
太陽から4240光年
土星状星雲／みずがめ座
太陽から4100光年

STEP 2

# 銀河にひそむブラックホール

**星やガスのほかに，銀河にはもう一つ重要な天体があります。謎の天体「ブラックホール」です。ブラックホールとはどのような存在なのでしょうか。**

## 天の川銀河には数百万個のブラックホールがある

ここまで，天の川銀河を構成しているいろいろな天体についてお話ししてきました。恒星やガス，星雲など，天の川銀河にはさまざまな天体が存在します。そしてこれらのほかに，天の川銀河にはもう一つ，忘れてはならない天体があります。

えっ，何でしょう。
ドキドキ。

ズバリ，**ブラックホール**です！

ああ～！　噂では，何もかも吸い込んでしまうという，宇宙空間の落とし穴のような，おそろしい天体だと……。

そうです。次のイラストは，太陽系を中心に，天の川銀河の内部でブラックホールがあると考えられている場所にマークをつけてあらわしたものです。

## えっ，こんなに!?
しかも太陽系の近くに集まってないですか。

これは主なもので，これら以外の観測しにくいものも含めれば，**ブラックホールは天の川銀河だけでも数百万個あり，星々の間をただよっていると考えられています。**

## 数百万個も〜!?

はい。地図中のマークのうち，ほとんどのブラックホールは，太陽の質量の3〜10倍程度の大きさで，**恒星質量ブラックホール**とよばれるものです。
しかし，天の川銀河の中心につけたマークだけは特別です。ここには，ほかのブラックホールとは比べものにならないほど非常に大きな，**超巨大ブラックホール**があります。その質量は，太陽の450万倍にもおよびます。

天の川銀河の中心に，ブラックホール!?

## ブラックホールからは光さえも逃れられない

先生，そもそもブラックホールって何なのですか？ ホールってことは，黒い穴ってことですか？　あ，でも宇宙空間に穴ということは……その穴はどこにつながってるんだろう？

たしかに，不思議な天体ですよね。
**ブラックホールとは，重力がとてつもなく大きな球状の領域のことです。一度中に吸い込まれると，光さえも脱出することはできません。**
ブラックホールの背後の星からの光はブラックホールに吸い込まれて反対側に出てきません。また，ブラックホール自身も光を発しないので，宇宙空間に開いた巨大な穴のように見えるんです。

なるほど〜。光すらも吸い込んでしまうから，二次元に見えちゃうわけですね。

ブラックホールはもともと，重力に関する二つの理論によって予言された天体でした。
まず，18世紀末の科学者たちは，ニュートンの**万有引力の法則**にもとづいて，**「光でさえ脱出できない星」**の存在を考えました。
天体の質量をどんどん大きくしていくと，最後には光の速さでも天体の重力を振り切ることができなくなります。そんな天体は光すら脱出できないので，**「観測できない＝「見えない星」**になるだろうと予想したのです。

18世紀末の科学者たちって，そんなことを考えていたんですか。

ええ，面白いでしょう。
さらに20世紀になると，ドイツの物理学者**カール・シュバルツシルト**（1873〜1916）が，1916年に，ある計算式を導きだしました。

ブラックホールに関する計算式ですか？

はい。この計算式は，万有引力の法則を発展させたアルベルト・アインシュタイン（1879〜1955）の重力の理論，**一般相対性理論**をもとにしたもので，恒星の表面近くや，その内部の重力について計算する式でした。
その計算式から導きだされる結論は，**「恒星が押しつぶされて密度が高くなりすぎると，物や光を無限に吸い込むようになる」**というものでした。

カール・シュバルツシルト
（1873～1916）

「無限に吸い込む」って，まさにブラックホールそのものじゃないですか。

そうなんです。ただし，非常に小さく高密度なこの天体は，このころはまだ**凍りついた星**などとよばれていました。しかし1967年からは，アメリカの物理学者**ジョン・ホイーラー**（1911～2008）が名づけた「**ブラックホール**」というよび名が広まるようになったのです。

ついに命名されたのですね。
ところで，ブラックホールって恒星が押しつぶされてできるわけですか。

はい。**ブラックホールは，重い恒星がその生涯を終える際，自らの重力によって1点につぶれることで誕生すると考えられています。**この結論が導かれる経緯については，あとからくわしくお話ししますね。

イラストは，ブラックホールの構造をえがいたものです。**アインシュタインの提唱した一般相対性理論では，空間は「重力」によってゆがめられていると考えます。** イラストの曲面は，大きく傾いている場所ほどブラックホールの重力によって空間が大きくゆがめられていることをあらわしています。

ゆがんだ空間の中を通るから，ちょうどボールをこの曲面に転がしたときみたいに，光がブラックホールの方へ引き寄せられるわけですね。

ブラックホールの中心には，質量が集中する**特異点**という1点があります。ブラックホールは，この特異点を中心とした「光すら脱出できなくなる球状の空間」のことであり，この球の境界を**事象の地平面**といいます。

質量が1点に集中って，強烈ですね。「事象の地平面」だなんて，何とも不思議な天体ですねえ……。

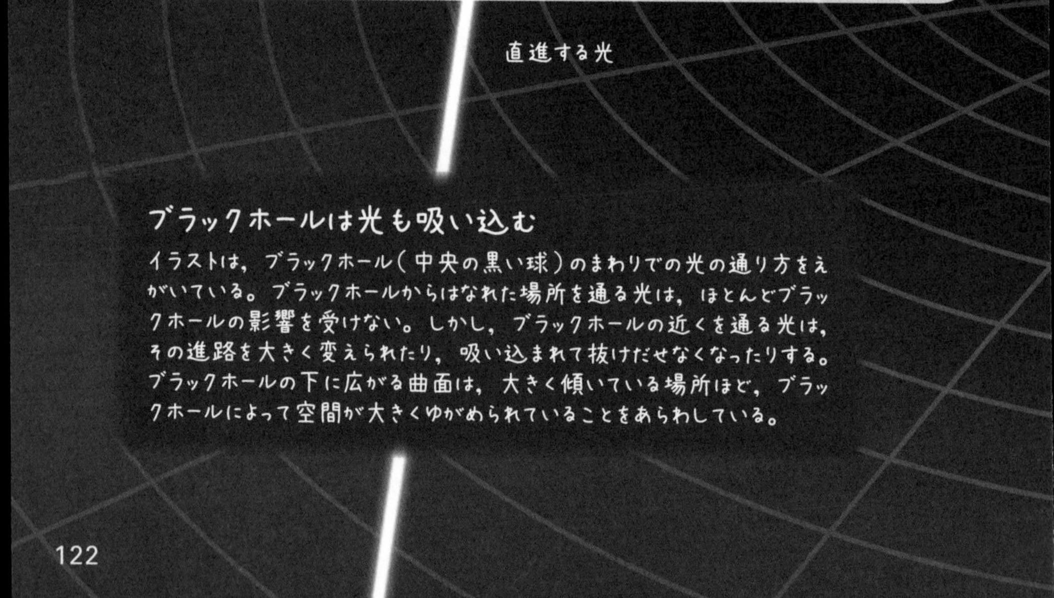


**ブラックホールは光も吸い込む**

イラストは，ブラックホール（中央の黒い球）のまわりでの光の通り方をえがいている。ブラックホールからはなれた場所を通る光は，ほとんどブラックホールの影響を受けない。しかし，ブラックホールの近くを通る光は，その進路を大きく変えられたり，吸い込まれて抜けだせなくなったりする。ブラックホールの下に広がる曲面は，大きく傾いている場所ほど，ブラックホールによって空間が大きくゆがめられていることをあらわしている。

ブラックホールの構造
事象の地平面
特異点
進路がわずかに変わった光
進路が大きく曲がった光
ブラックホールに
吸い込まれた光

## ブラックホールは「あるわけない」と思われていた

ここで，ブラックホールが論証されるまでの経緯について，お話ししましょう。
理論的にブラックホールが提案された当初，当時の多くの天文学者はもちろん，そもそも一般相対性理論を唱えたアインシュタインすらも，ブラックホールという天体が宇宙のどこかに実在することはないと考えていました。

そうだったんですか？

ええ。**たとえば，地球を圧縮してブラックホールにするには，地球を直径9ミリメートルまで圧縮する環境が必要になります。**
天文学者たちは，「そもそもそんな環境が実在するはずがない」と考えていたのです。

地球を9ミリに圧縮って……。
ビー玉くらいの大きさですよね。
「ありえないよね，さすがに」って思いますよね。

そうですよね。それに，ブラックホールはものすごく質量が大きいにもかかわらず，そのすべての質量が**特異点**という一点に集中しているわけです。
「こんな天体はあくまで理論上の存在で，実在するわけない」と考えられたのも当然のことでした。

でしょうねえ。

ところが！　1930年代になると，ある若者の考えをきっかけに，「ブラックホールは実在するかもしれない」と考えられるようになったのです。その若者こそ，物理学を学ぶ弱冠20歳のインド人学生，スブラマニアン・チャンドラセカール（1910～1995）です。

20歳の学生!?

ええ。当時，非常に小さくて密度の高い天体である白色矮星が見つかっていました。**その密度は1立方センチメートルあたり，1000キログラム～1トンほどもあります。**チャンドラセカールは，この白色矮星が，自己の重力に耐えられる限界があると考えました。そして，誕生したばかりの学問である量子力学と，アインシュタインのもう一つの理論特殊相対性理論から，**「白色矮星の質量が太陽の質量の1.46倍になると，半径がゼロの星になる」ということを導きだしたのです。**

白色矮星って，質量が太陽の8倍より小さい恒星の残骸みたいなものでしたよね。白色矮星が自己の重力に負けて半径ゼロの星になるって……いったいどういうことですか？

少しむずかしいのですが，ざっくりと説明しますね。
物質は原子でできており，原子核のまわりには電子が飛び交っています。密集した電子には，縮退圧とよばれる力がはたらいていて，白色矮星は，自らの重力と縮退圧とが釣り合うことでその形を保っています。

ふむふむ。

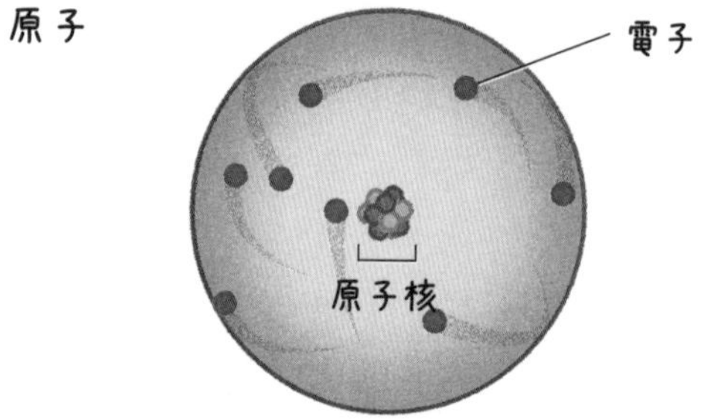


しかし，縮退圧には限界があり，白色矮星の場合，質量が太陽の質量の1.46倍をこえると，中心部の原子核が電子を吸収する現象（電子捕獲）がおこり，崩壊してしまうのです。つまり，縮退圧が重力に負けるんですね。
そうなると，天体は**急激な収縮**をはじめます。
これを，**重力崩壊**といいます。チャンドラセカールは，白色矮星は重力崩壊によって「半径ゼロの星」になるのではないかと考えたわけです。

む，むずかしいですけど，要するに，白色矮星には支えることのできる質量の限界値があるという発見は，画期的なことだったんですね。

スブラマニアン・チャンドラセカール
（1910～1995）

ええ。このころは，まだ「ブラックホール」という言葉はありませんでしたが，この研究はまさにブラックホールの存在を**予言**するものだったのです。

それにしても，たったの20歳でそんな発見をしたなんてすごい！
当然，その仮説は物理界に衝撃を与えたでしょうね。

ところが，当時の権威ある科学者たちはこの説に強く反論しました。そのため，チャンドラセカールは研究分野を変えてしまったといわれています。
しかしその後30年以上も経て，白色矮星の質量に限界があるという説は認められるようになります。
**白色矮星をいくつ観測しても，太陽の1.46倍以上の質量をもつ白色矮星が見つからなかったのです。**チャンドラセカールは，白色矮星の限界質量を求めた功績により，1983年にノーベル物理学賞を受賞したんですよ。

よかった〜！

一方，チャンドラセカールが先の仮説を発表したのと同じころ，イギリスの原子物理学者**ジェームズ・チャドウィック**（1891〜1974）が，原子核を構成する**中性子**を発見しました。実はこの中性子の発見は，ブラックホールにもかかわる発見でもあったんです。

ブラックホールからいきなり「中性子」ですか？
いったいどういうことですか？

1934年になると，**中性子星**という天体が，アメリカの天文学者**フリッツ・ツビッキー**（1898〜1974）やロシアの物理学者**レフ・ランダウ**（1908〜1968）によって提案されるようになりました。**中性子星というのは，その名の通り，主に中性子からできている天体です。非常に重い恒星の中心部が重力によって収縮してできると考えられており，質量は1立方メートルあたり1億〜10億トンという，超高密度な天体です。**

**ムチャクチャ重い！**

白色矮星よりもさらに高密度ですね。中性子星も，白色矮星と同じく恒星の残骸みたいな天体ということですか。

その通りです。さらに1939年には，アメリカの物理学者**ロバート・オッペンハイマー**（1904〜1967）が，中性子星にも質量の限界があることを理論的に導きました。そして**「中性子星は太陽質量の3倍をこえると，重力崩壊が無限に続き，つぶれ続ける」**と唱えたのです。

ロバート・オッペンハイマー
（1904〜1967）

# つぶれ続ける〜!?

重力崩壊が永遠に続くってつまり，ずうっと収縮する……ってことは……，ブラックホールじゃないですか！

そうなんです。その後，中性子星よりも強い重力に耐える星は考えだされませんでした。
そのため一部の天文学者たちは，「あまりにも重い星が燃えつきて重力崩壊をおこすと，ブラックホールになるのかも」と少しずつ考えるようになったのです。

最初は「あるわけない」と思われていたけど，少しずつその存在が信じられるようになったんですね！

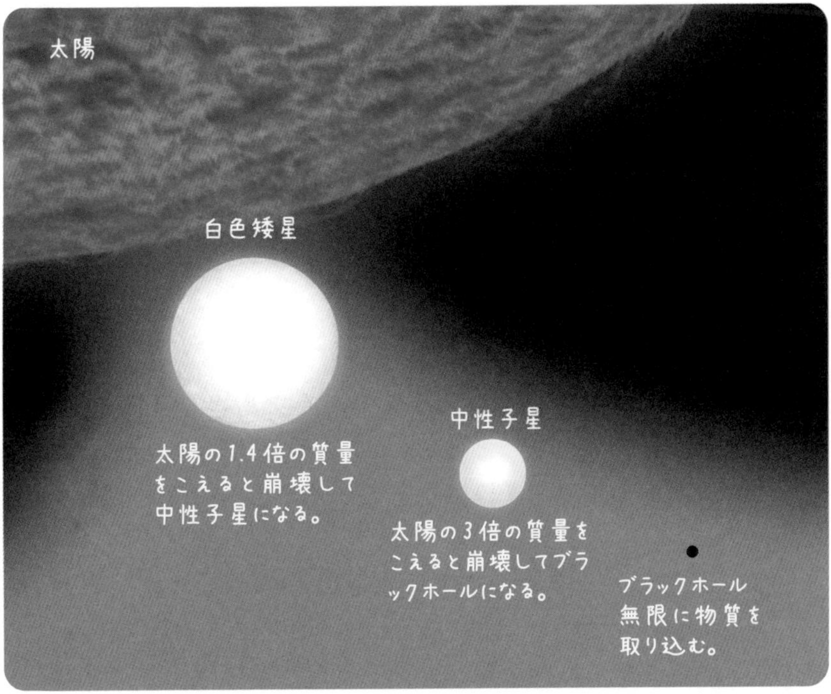

## ブラックホールから放たれるジェット噴射

先生，素朴な疑問なんですけど，ブラックホールからは，光すら脱出できないんですよね？　それに，ブラックホール自体も，一切の光を発しないのですよね。

そうです。強力な重力のために，いかなるものもそこから脱出できない天体が「ブラックホール」です。

ということは，ブラックホールを観測することってできないんじゃないですか？　存在することが理論的にたしかだとしても，実際に見つけることってできるんですか？

おおっと！　いいところに気がつきましたね！
たしかに，ブラックホールそのものから光（電磁波）が届くことはありませんから，ブラックホールを直接観測することはできません。
ですが，ブラックホールを見つける方法はあるんです。

あるんですか？

ありますとも。**ブラックホールそのものは見ることはできませんが，ブラックホールに落ち込む物質が放つ放射によって，存在を確認することができるのです。**

なるほど，ブラックホールそのものは見えないけれど，ブラックホールに落ち込んでいく物質を通して，間接的に確認するわけですか。

その通りです。ブラックホールを“間接的に”観測できることは，1960年代に明らかになりました。
それは，恒星とペアをつくる**連星ブラックホール**から見つけだすという方法です。

連星ブラックホール？　ブラックホールが恒星とペアになるなんてことがあるんですか!?

不思議ですが，あるんですよ。
まず，二つ以上の恒星がセットになった**連星**を考えてみましょう。**連星とは，二つの恒星が共通の重心を回っている天体のことです。**普通は明るいほうを**主星**，暗いほうを**伴星**とよびます。三つ以上の恒星が連星をなしている**多重連星**もあります。
ちなみに，私たちの太陽は単独の恒星ですが，宇宙ではむしろ，二つ以上の恒星がセットになった連星のほうが一般的なのです。

そうだったんですね！
知りませんでした。

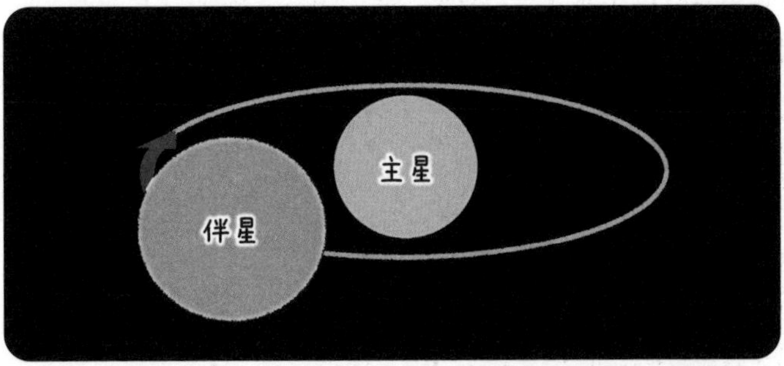

さあ，この連星の一方が重力崩壊をおこしてブラックホールとなったとしましょう。
恒星はガスのかたまりですから，恒星をつくっているガスは，ブラックホールの強力な重力にはぎ取られ，ブラックホールに吸い寄せられていくと考えられます。

なるほど。

吸い寄せられたガスは，ブラックホールのまわりに**降着円盤**※とよばれる円盤状の構造をつくり，渦を巻いてブラックホールへと落ち込んでいくと考えられます。

**うわぁ！**
吸い込まれていく～！

※：降着円盤は，中性子星，恒星，白色矮星のまわりにも形成される。

同時に，**ブラックホールの周囲を回転する降着円盤のガスは，ものすごいスピードで加速されます。**

すごい勢いでとぐろを巻いてるわけですね……。何しろものすごい重力ですからね！

**たとえば，太陽の10倍の質量をもつブラックホールの場合，その半径は約30キロメートルになり，降着円盤全体の大きさは直径300万キロメートルほどにもなります。**
これは，ブラックホールを1ミリメートルとすると，周囲100メートルに円盤が広がっていることに相当します。非常に小さな天体が，巨大な円盤をつくって振り回しているような感じです。

巨大ですねえ！

このとき，円盤のガスどうしは，摩擦によって加熱され，回転速度の速い中心に近くなればなるほど高温になります。**その温度は中心付近で数千万℃にも達し，高エネルギーの光であるX線を発するのです。**
この，ブラックホールに吸い込まれる直前の物質から放射される強力なX線のジェット噴射を観測できれば，ブラックホールの証拠を得たことになります※。

※：中性子星も恒星と連星をなし，降着円盤からX線を放出する場合がある。連星からX線を観測できたとしても，ブラックホールではない場合もある。

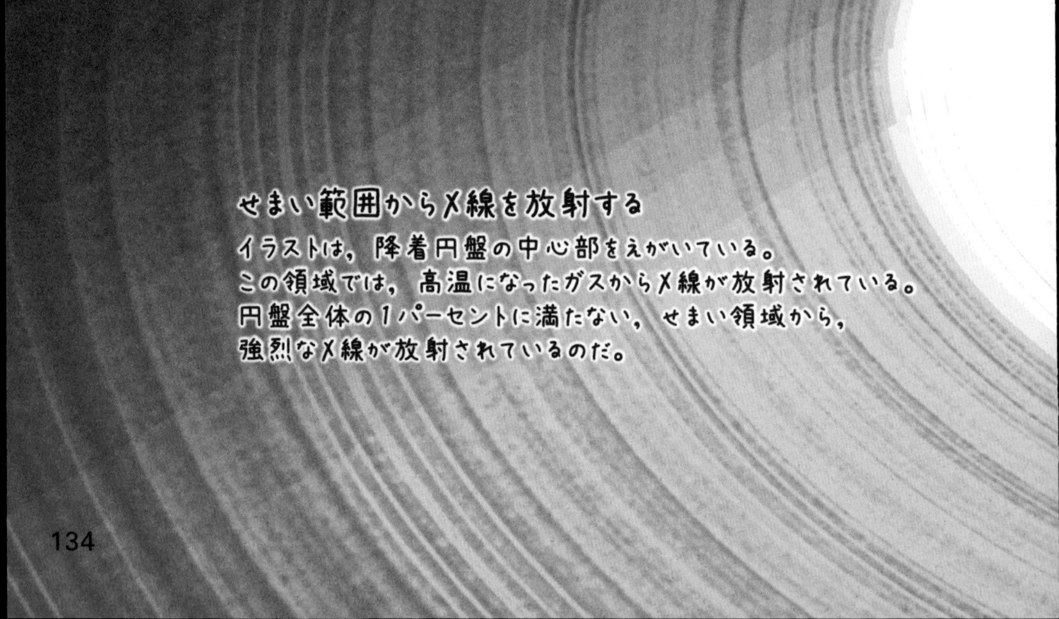

せまい範囲からX線を放射する
イラストは，降着円盤の中心部をえがいている。
この領域では，高温になったガスからX線が放射されている。
円盤全体の1パーセントに満たない，せまい領域から，
強烈なX線が放射されているのだ。

ジェット
ブラックホール

そうして発見されたブラックホールはあるんですか？

1971年に，X線観測によってブラックホールが発見されています。**はくちょう座X－1**です。青色超巨星と連星系をつくり，X線を強く放射する天体で，ブラックホールの候補でしたが，現在ではブラックホールと認定されています。

近くに恒星がある連星系だと，ブラックホールを発見できる可能性が高いということなんですね。

そうですね。
2015年以降，ブラックホールの連星が合体して一つのブラックホールになる例が，重力波というものを使った観測でいくつも見つかるようになりました。また，2019年4月には，電波望遠鏡を使って，巨大ブラックホールの影の撮影にはじめて成功しています。

撮影までできているんですね!?

## 天の川銀河の中心に強い電波源を発見

ここからは，天の川銀河の中心にある，とんでもなく巨大なブラックホールについて，お話をしましょう。
1時間目で，1950年代に天体観測に**電波**が用いられるようになったことが，銀河が円盤型をしていることの解明につながったとお話ししました。このように，電波を用いた天体観測は，私たちに新しい発見をもたらしました。そしてそれは，ブラックホールの発見においても例外ではありません。

電波を用いた観測って，具体的にはどうやって発展していったんでしょうか？

もともと電波による天文学は，1931年に，アメリカのベル研究所の電気工学者**カール・ジャンスキー**（1905～1950）が，宇宙からの電波をはじめて観測したことにはじまります。

カール・ジャンスキー
（1905～1950）

そんな時代に，もう電波を使って観測していたのですか？

このときはまだ電波望遠鏡とよべるものではなかったんです。当時は電波を使用した無線電話が普及しはじめたころで，ベル研究所は，通信機器の開発とともに通信技術の研究を行っていました。
ジャンスキーは，通話の際に，ある特定の**ノイズ**（雑音）が入ることに気づき，その原因をつきとめようと，ノイズの観測をしていたのです。最初は電波の発信源はわかりませんでしたが，観測を続けた結果，このノイズは，なんと天の川銀河の中心からやってくる電波によるものであることがわかったのです！

天の川銀河の中心からの電波〜!?
とんでもない発見ですね。

そうなんです。
この発見を知り，はじめて本格的な**電波望遠鏡**で観測を行ったのが，アメリカの電気工学者**グロート・リーバー**（1911〜2002）でした。
リーバーは，ジャンスキーの発見を知り，なんと自宅の裏庭に「電波望遠鏡第1号」とよべる**パラボラアンテナ**を自作したのです。彼はそれを使って全天を観測し，天の川銀河の電波地図をえがきました。
そして，1944年，いて座方向の銀河中心部に，電波の強いピークがあることを見つけたのです。これが，天の川銀河の中心にある電波源**いて座A**です。

グロート・リーバー
（1911～2002）

電波望遠鏡による天体観測の歴史は，意外な角度から幕が開いたのですね。

そうですね。
その後，観測の精度は向上していき，1974年に，アメリカ国立電波天文台（NRAO）の電波干渉計によって，リーバーが発見した「いて座A」の中に，さらに小さく強力な電波源が発見されました。これが，**いて座A*《エースター》（SgrA*）**です。そしてこれが**天の川銀河の中心核**であると考えられました。
いて座A*は，その後の研究により，太陽の約450万倍にもおよぶ巨大な質量をもつブラックホールであるとも考えられているんです。



**太陽の質量の450万倍～!?**

はくちょう座
はくちょう座 X-1
や座
いるか座
わし座
電波望遠鏡

下のイラストは，夏の天の川の一部をえがいたものです。黒い球体は，天の川銀河の中にある，ブラックホールだと考えられている代表的な天体です。

## こんなにたくさんあるんですか!?

はい。イラストでは大きさは誇張してあり，位置はおおよその場所です。

先生，でも，なぜ天の川銀河だけでなく，いくつかの銀河電波源がブラックホールかもしれないといえるんですか？

天の川銀河の中心部で，とても狭い範囲から強烈な電磁波の放射が確認されることがあるんです。その電磁波の強さは，銀河全体からの放射をこえるほどのものもあります。こうした強烈な電磁波を放射する天体のことを，**活動銀河核（AGN）**といいます。
活動銀河核すべてがブラックホールというわけではありませんが，その性質に合致する天体というと，やはり超巨大なブラックホールとしかいえないのです。

## 銀河の中心には超巨大ブラックホールが鎮座する

何かとんでもないものの気配，って感じですね，ブラックホールって。

そうですね。ブラックホールは，巨大な質量をもちます。目にすることはできないものの，天の川銀河の中心に巨大なブラックホールの存在を示すさまざまな間接的証拠が見つかってきました。
その一つに，ドイツにあるマックスプランク研究所のラインハルト・ゲンツェル博士（1952～）らのグループと，カリフォルニア大学のアンドレア・ゲッツ博士（1965～）らのグループが行った調査があります。両チームは，1990年代から10年間にわたって，天の川銀河の中心近くにある，S2という恒星を調べたのです。

中心近くということは，ブラックホールがあるかもしれない場所の近く，ということですね。

はい。両チームがその運動を調べたところ，**S2は，ある1点を焦点にして，周期約15年の楕円軌道をえがいていることがわかったのです。**
また，S2が焦点に最も接近したときの距離は17光時（太陽と冥王星との距離の3倍）※で，そのときのスピードは，少なくとも秒速5000キロメートル以上という，猛烈なものでした。

ひえ～！　とんでもない規模ですね。

※：17光時は約180億キロメートル。1光時は光が1時間で進む距離。

**このような運動は，焦点の位置に膨大な質量の天体があることを示しています。**
さらに，星の軌道と運動から，焦点にある天体の質量は，太陽の**約450万倍**であると見積もられました。でもその場所に，そんな巨大な光り輝く天体は存在しないんです。

巨大な星があるわけじゃないのに，質量の存在だけがある……ブラックホールの気配がぷんぷんしますね。

## 巨大ブラックホールのそばをかけぬける恒星

イラストは，天の川銀河中心のブラックホールのまわりを回る恒星の一つ，S2のイメージ。S2は，15年ほどの周期でブラックホールのまわりを回っているようで，再接近時にはブラックホールから17光時（太陽と冥王星の距離の3倍ほど）の場所を秒速5000キロメートル以上でかけぬけた。ちなみに地球の公転速度は秒速約30キロメートルである。

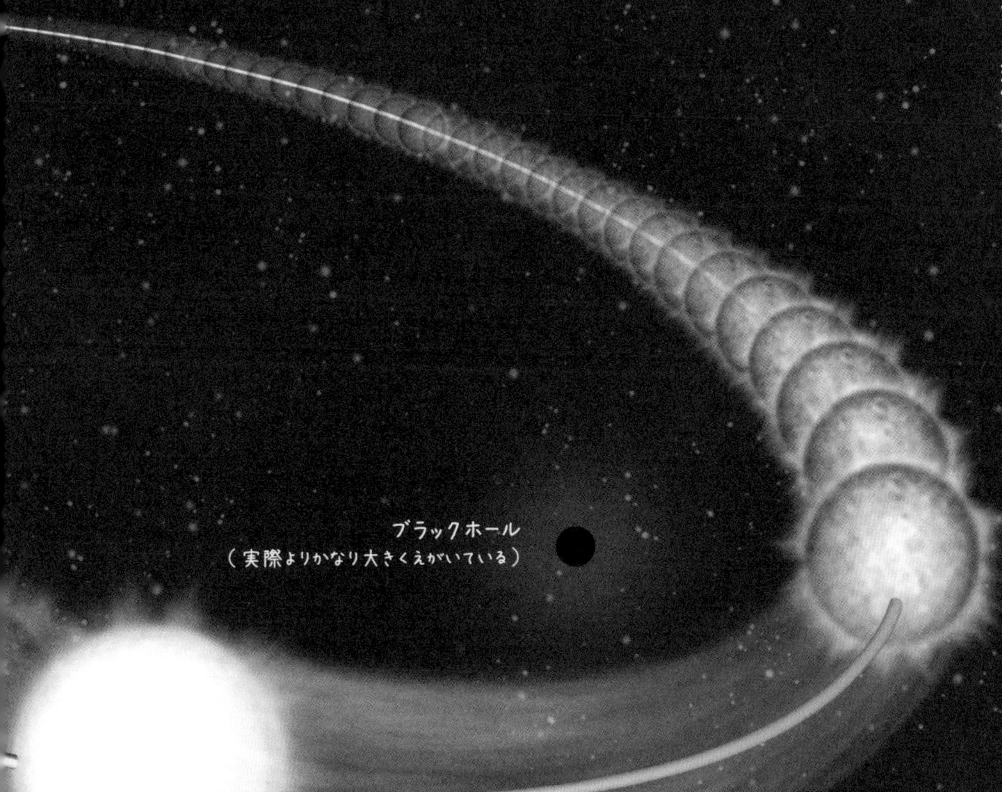


ブラックホールのそばをかけぬける恒星（S2）

その後，電波望遠鏡の分解能（対象を識別・分解する能力）が上がり，2004年には，中国上海天文台の**エリック・シェン博士**らによる，アメリカの**VLBA**（超長基線アレイ）を用いた観測では，その位置にある天体自体の大きさは，**半径およそ1000万キロメートル**と，水星軌道以下であることが計算されました。
こうした結果は，焦点にある天体がブラックホールでなければ考えられない値です。

質量が太陽の約450万倍とか，大きさが1000万キロメートルとか，かなり大きいですけど，そんな大きなブラックホールが私たちの天の川銀河の中心にあるなんて。危なくないんですか？　いつか吸い込まれてしまうのでは……。

太陽の450万倍という質量はたしかに巨大です。とはいえ，天の川銀河の質量は，太陽の**約2000億倍**であることがわかっています。それと比較すればわずかなものでしょう。
ですから，**巨大ブラックホールの存在が銀河全体に大きな影響をあたえることはありません。**

そうなんですね。
よかったぁ～。

## 世界初！　ブラックホールの撮影に成功

ブラックホールは性質上，その姿を見ることはできないと考えられてきました。しかし2019年4月，ブラックホールの“黒い穴”がはじめて直接観測されたというニュースが世界中を驚かせました。

本当ですか!?　いったいどうやって？

このとき観測されたのは，天の川銀河とは別の，地球からおよそ5500万光年はなれたところにある，「M87」という銀河の中心に存在する，巨大なブラックホールシャドウ（ブラックホールの影）です。

誰がどうやって撮影したんですか？

日本の国立天文台を含めた世界13カ所の研究機関と，200名以上の研究者が参加するEHT（イベント・ホライズン・テレスコープ）という国際観測プロジェクトでした。
今まで，**ブラックホールを直接見ることができなかった最大の理由は，ブラックホールの見かけの大きさが非常に小さいためです。**現在の望遠鏡の分解能は，ブラックホールを見ることができるほどよくはありません。そこで，EHTでは，干渉計という技術を使いました。これは，**はなれた場所にある複数の望遠鏡で，天体から届く光を同時に観測するという技術です。**

せーの！　で一斉に観測する感じですかね。
面白いですね。どんな感じになるんでしょう？

それぞれの望遠鏡で観測された光（今回は電波）を重ね合わせて処理することで，あたかも複数の望遠鏡の設置間隔が電波望遠鏡の口径になったかのような，きわめて高い分解能を得ることができます。

すごい方法ですね。

EHTでは，チリ，ハワイ，ヨーロッパ，北アメリカ，南極にある計8カ所の電波望遠鏡を使って，最終的に口径が約1万キロメートルにもなる電波干渉計をつくり，ブラックホールシャドウの撮影に成功したんです。
それが，次のページの写真です。

これがブラックホールの影か……。

このまわりの光は**光子リング**といい，ブラックホールの周囲にある光や電波が，ブラックホールの強力な重力によって曲げられたものです。その中央の黒い部分にブラックホールがあります。
さらに，EHTによる大発見は，これで終わりません。私たちの天の川銀河の中央部にある，**いて座A***の撮影にも成功し，2022年5月にその姿が公開されたのです。

ついに！

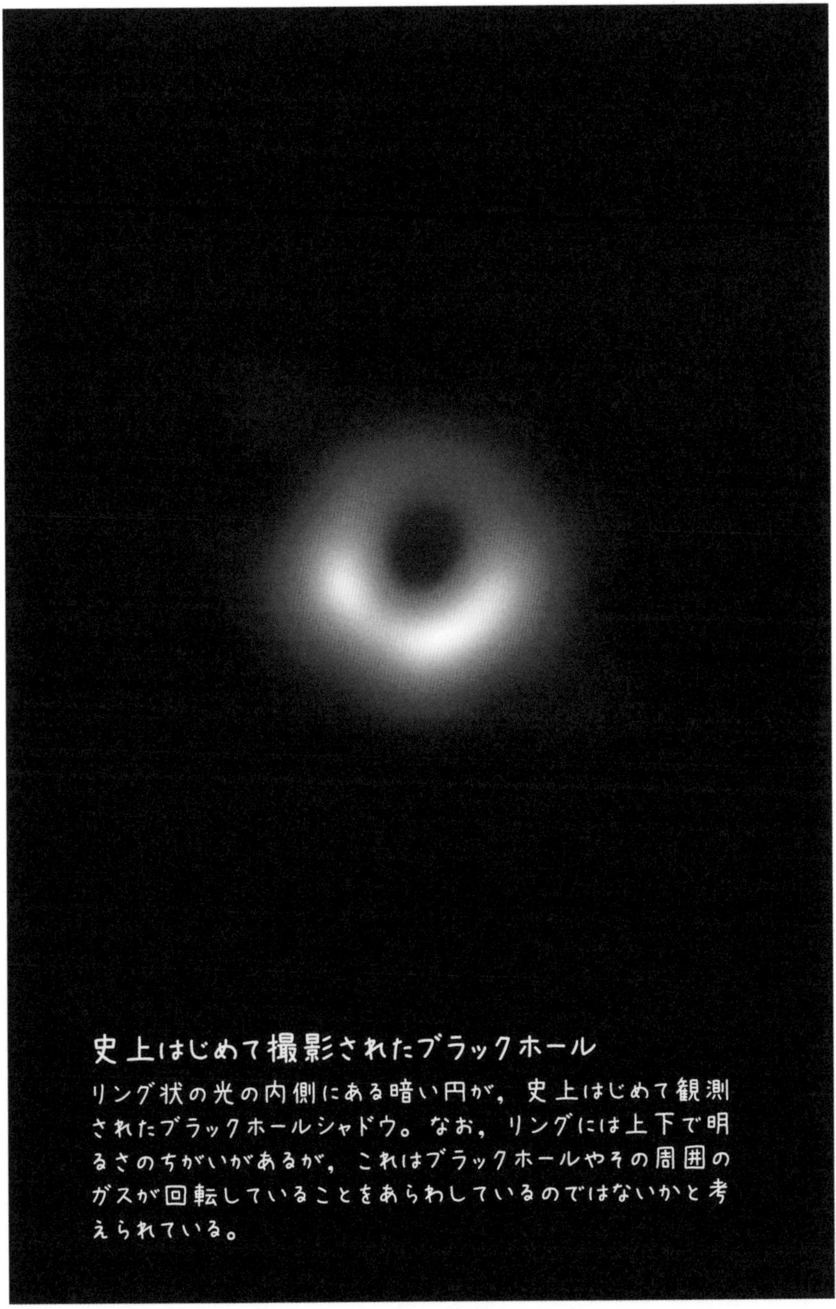

**史上はじめて撮影されたブラックホール**

リング状の光の内側にある暗い円が，史上はじめて観測されたブラックホールシャドウ。なお，リングには上下で明るさのちがいがあるが，これはブラックホールやその周囲のガスが回転していることをあらわしているのではないかと考えられている。

はい。やはり光子リングが写っており，その真ん中の黒い部分の中に，巨大ブラックホールいて座A*があるのです。この写真は，光子リングの“逆光”によってブラックホールの影（ブラックホールシャドウ）が浮かび上がっている状態を見ている構図です。

こんな形なんですね……。

いて座A*が実際に直接観測されるまで，いて座A*が本当にブラックホールであるかどうかはわからないままでした。

ところが，**いて座A*の周辺で光子リングとブラックホールシャドウが確認されたことによって，いて座A*が超巨大ブラックホールであることがはじめて証明されたわけです！**

「動かぬ証拠」が出たわけですね！

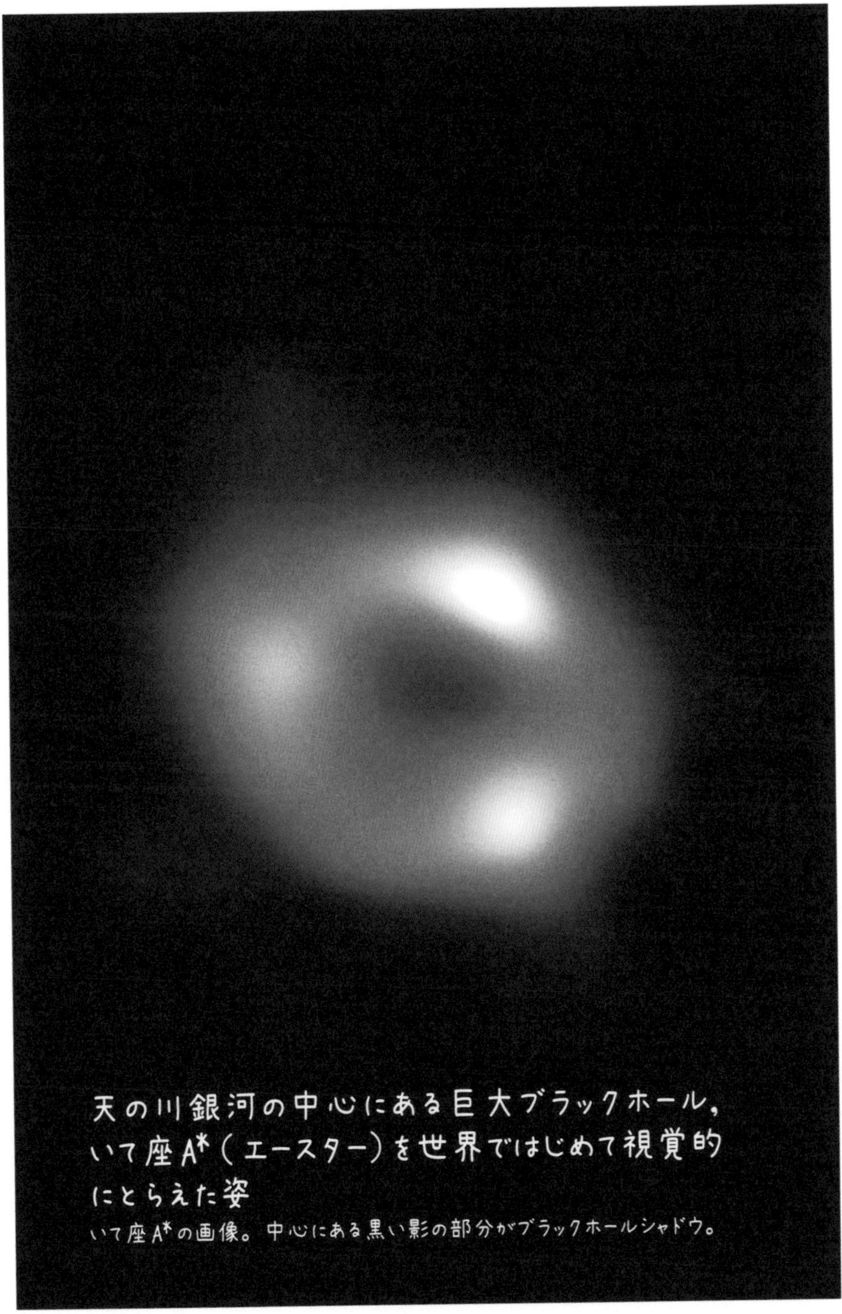

天の川銀河の中心にある巨大ブラックホール，いて座A*（エースター）を世界ではじめて視覚的にとらえた姿

いて座A*の画像。中心にある黒い影の部分がブラックホールシャドウ。

# 3

時間目

# 天の川銀河
# だけじゃない！
# さまざまな銀河

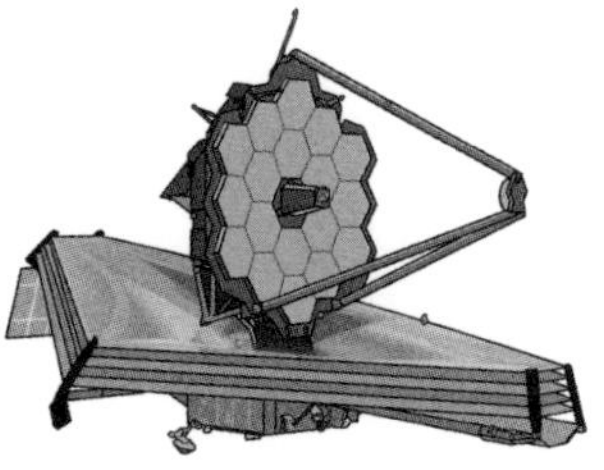

STEP 1

# さまざまな形をした銀河

**宇宙には，私たちの暮らす天の川銀河だけではなく，形や性質がことなる数えきれないほどの銀河が存在しています。ここでは天の川銀河の仲間たちを見ていきましょう。**

## ハッブルがたてた銀河の進化説

41〜42ページで，天の川銀河以外の銀河の形状についてお話ししましたね。おさらいになりますが，宇宙には，数えきれないほどの銀河があります。ここでは天の川銀河以外の銀河も探訪してみましょう。

銀河は，主に**楕円銀河**，**渦巻銀河**，**不規則銀河**の三つに分類できるんでしたよね。

その通りです。よく覚えていましたね！　この分類は，アメリカの天文学者**エドウィン・ハッブル**が，1926年に分類したものです。ちなみにハッブルは分類だけではなく，銀河の**進化**についても仮説を立てたんですよ。

銀河の進化？

はい。ハッブルは，**「銀河は楕円銀河からレンズ状銀河を経て，最終的に渦巻銀河になる」**という銀河の進化説をたてたのです（次のページのイラスト）。

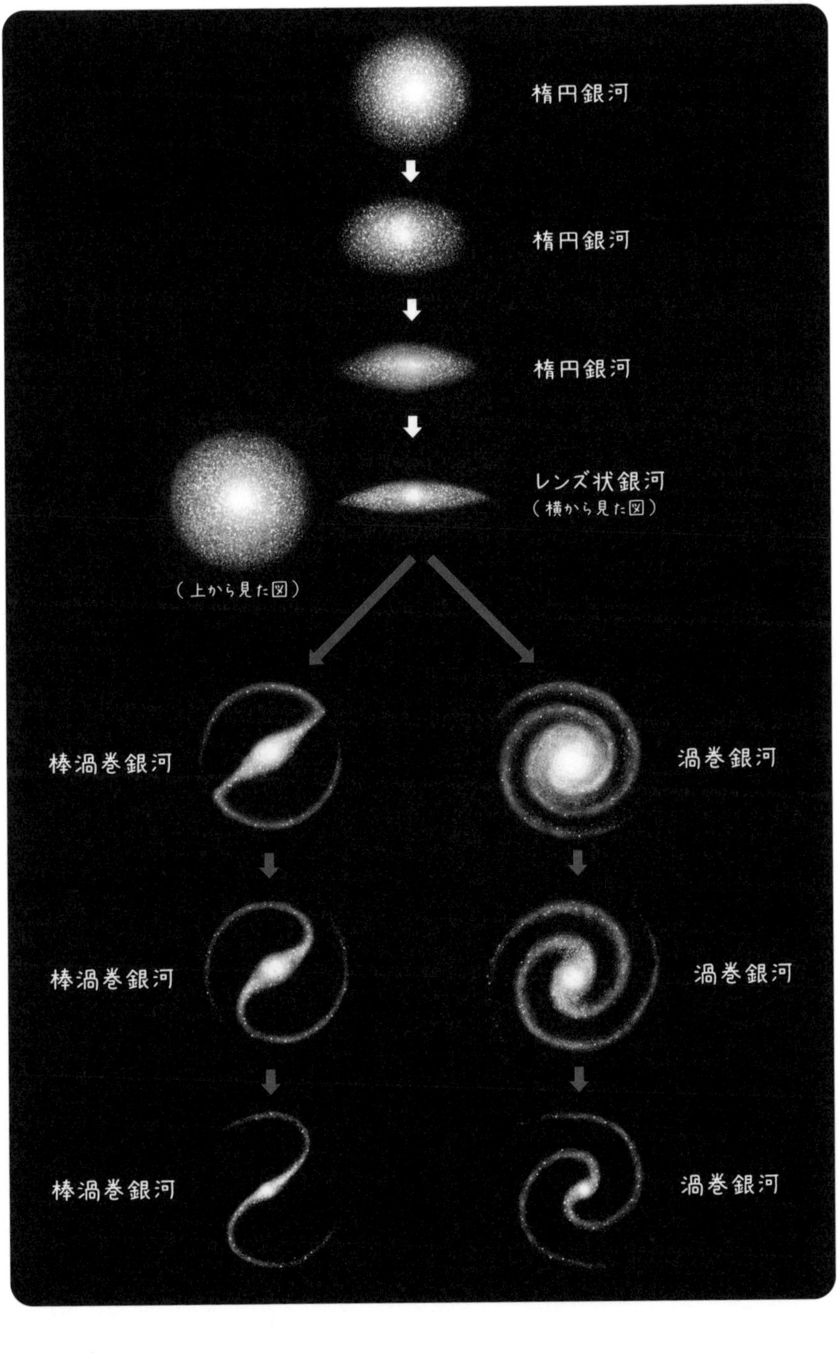
楕円銀河
楕円銀河
楕円銀河
レンズ状銀河
（横から見た図）
（上から見た図）
棒渦巻銀河
渦巻銀河
棒渦巻銀河
渦巻銀河
棒渦巻銀河
渦巻銀河

ただし現在では，この進化仮説は**否定**されてしまっているのですがね。

そうなんですね……。

とはいえ，銀河の進化についてはまだわかっていないことが多く，ハッブルがつくったこの銀河の分類方法は，現在でも世界中の天文学者たちに利用されており，これはまちがいなくハッブルの功績といえます。

## 肉眼でも見えるアンドロメダ銀河

まずは私たちの天の川銀河の近くにある**アンドロメダ銀河**を見てみましょう。

「アンドロメダ」ってよく聞きます。
名前が有名ですよね。

そうです。
アンドロメダ銀河は，アンドロメダ座の中にある銀河です。アンドロメダ銀河は肉眼でも見ることができたため，その存在は10世紀にはすでに知られていました。
当時は**小さな雲**とよばれていました。

肉眼で見えるんですか!?
それにしても「小さな雲」って，かわいらしい名前ですね。

1771年に天文学者シャルル・メシエ（1730～1817）がまとめた星雲や星団，銀河のカタログ『メシエカタログ』で，アンドロメダ銀河はM31と名づけられています。

そんなに古くから知られていたのか。
18世紀になって，正式に名称がつけられたんですね。

アンドロメダ銀河は，アンドロメダ座星の近くに広がる銀河で，私たちの天の川銀河が棒渦巻銀河であるのに対し，アンドロメダ銀河は渦巻銀河です。**地球からおよそ250万光年の距離にあり，直径が15～22万光年と，天の川銀河よりもかなり大きな銀河です。**天の川銀河が直径10万光年ですから，約1.5～2倍の大きさですね。

大きいですね！

アンドロメダ銀河は典型的な渦巻銀河ですが，私たちは真横に近い方向から見ているため，細長い楕円形に見え，渦巻の構造は観測しにくいです。
ただ，**少なくとも数本の渦状腕があると考えられており，この渦巻腕に沿って，若々しい星の存在を示す散光星雲がたくさん観測されています。**

渦巻銀河の腕では，新しい星々が生まれているんでしたね。

アンドロメダ銀河は，M32とNGC205という小銀河をともなっています。これらはアンドロメダ銀河のまわりを公転する伴銀河とよばれる存在で，「主銀河」のアンドロメダ銀河と重力で引き合っています。

子分を従えているみたいですね。

ハハハ，そうですね。
実はアンドロメダ銀河自身もまた，天の川銀河やほかのいくつかの銀河と重力的に結ばれています。
天の川銀河とアンドロメダ銀河を中心とした半径約300万光年の範囲には50個以上の銀河が分布していて，おたがいに重力的なつながりをもつ**局所銀河群**という集団を形成しているんです。

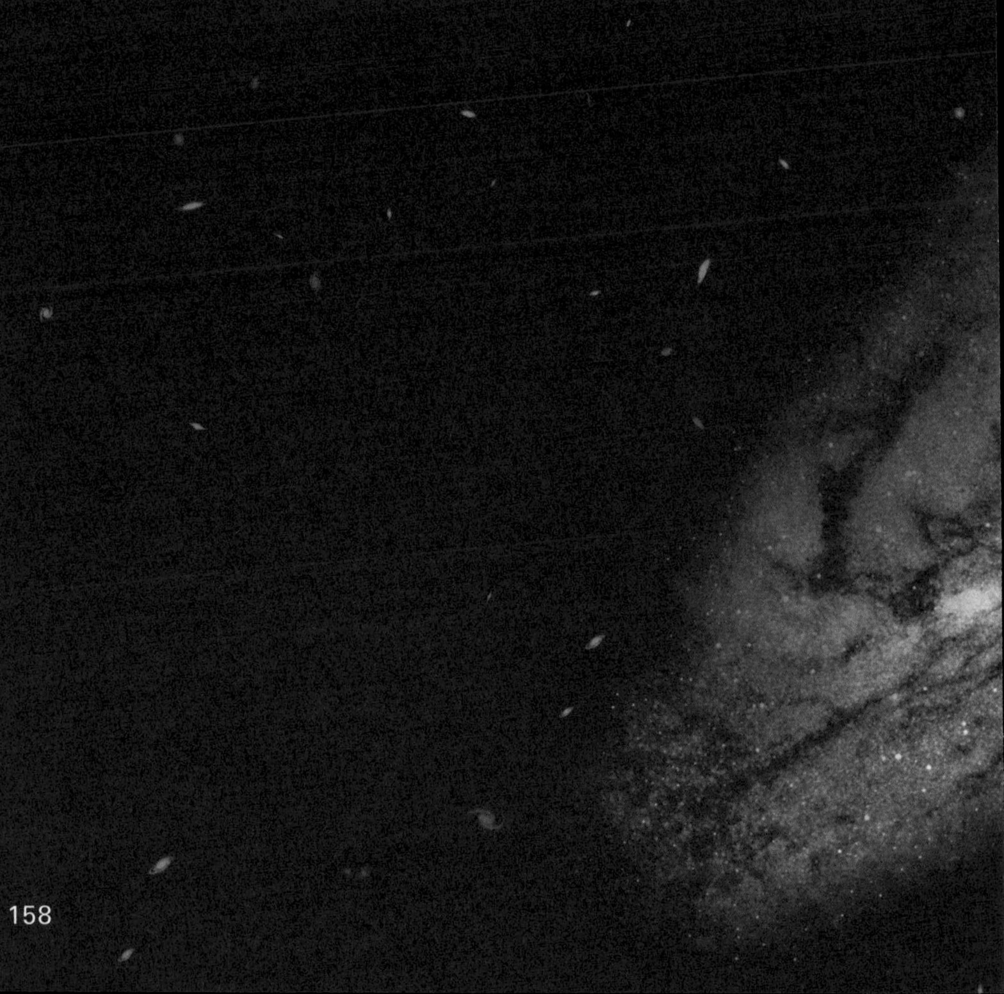

アンドロメダ銀河（M31）

地球からは真横に近い方向から見ているため，細長い楕円形に見えるが，典型的な渦巻銀河である。地球から約250万光年の距離にあり，直径は15〜22万光年と天の川銀河よりも規模が大きい。天の川銀河やほかの銀河と重力的に結びついており，局所銀河群を形成している。

## 小さな雲のようにみえるマゼラン雲

次に，アンドロメダ銀河よりさらに近くにある，小さな銀河を見てみましょう。**マゼラン雲**とよばれる，南半球の空に見られる銀河です。
1520年に世界一周航海をしていたフェルディナンド・マゼランが，航海の途中で発見したといわれています。
マゼラン雲は，きょしちょう座の**小マゼラン雲**と，かじき座の**大マゼラン雲**の二つの銀河からなり，「大小マゼラン雲」ともいわれます。

だから名前に「マゼラン」とついているのか～！
銀河なのに「雲」なんですね。

はい。地球から見たときに，白っぽい雲のように見えたため「雲」とついていますが，実際は銀河です。二つの銀河は両方とも矮小不規則銀河で，大マゼラン雲は，直径2万光年，地球からの距離は16万光年で，小マゼラン雲は直径1万5000光年，地球からの距離は20万光年です。

えっ，アンドロメダ銀河とくらべるとだいぶ近いですね。それに大きさもすごく小さい。

この二つの銀河は，おたがいに8万光年しかはなれておらず，共通の重心のまわりを回っています。

先生，大小マゼラン雲は，もしかして天の川銀河の子分……，もとい伴銀河なんでしょうか？

たしかに，マゼラン雲は天の川銀河のまわりを公転している伴銀河といわれてきましたが，どうやらそうではなく，「たまたま近づいてきて，現在そばにいるだけ」という可能性が指摘されています。

たまたま，ですか。

**マゼラン雲の形は，天の川銀河の重力の影響（潮汐力）を強く受けて不規則にゆがんだと考えられています。**
電波で観測すると，大小マゼラン雲からは，その軌道にそって水素ガスが流れだしていることがわかっています。この水素ガスの流れは**マゼラン雲流**とよばれています。

天の川銀河の影響でゆがむほど近いんですね！

そうなんです。
マゼラン雲は天の川銀河からの距離が近いので，構成しているさまざまな天体が格好の観測目標となっているんですよ。
たとえば，マゼラン雲の付近には，直径800光年という巨大な**散光星雲**が存在しています。ガス（星間物質）が高密度で集まり，背後の恒星の光をさえぎって雲のように見える天体を星雲といい，ガスが自ら発光したり，近くの星の光を反射して光っている星雲を散光星雲といいます。この星雲は**タランチュラ星雲**とよばれ，1987年には，この星雲の中に超新星が生まれています。

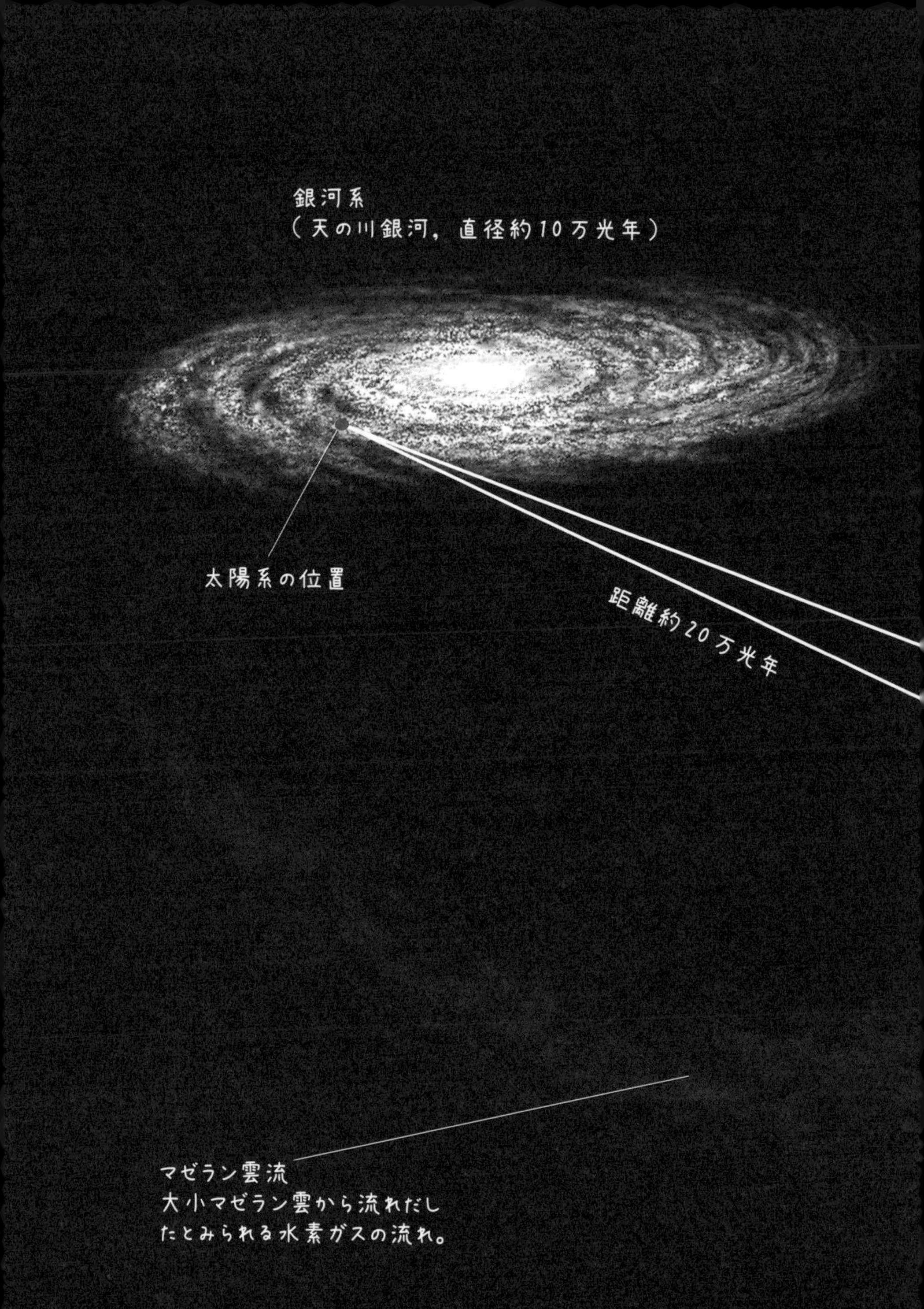
銀河系
（天の川銀河，直径約10万光年）
太陽系の位置
距離約20万光年
マゼラン雲流
大小マゼラン雲から流れだし
たとみられる水素ガスの流れ。

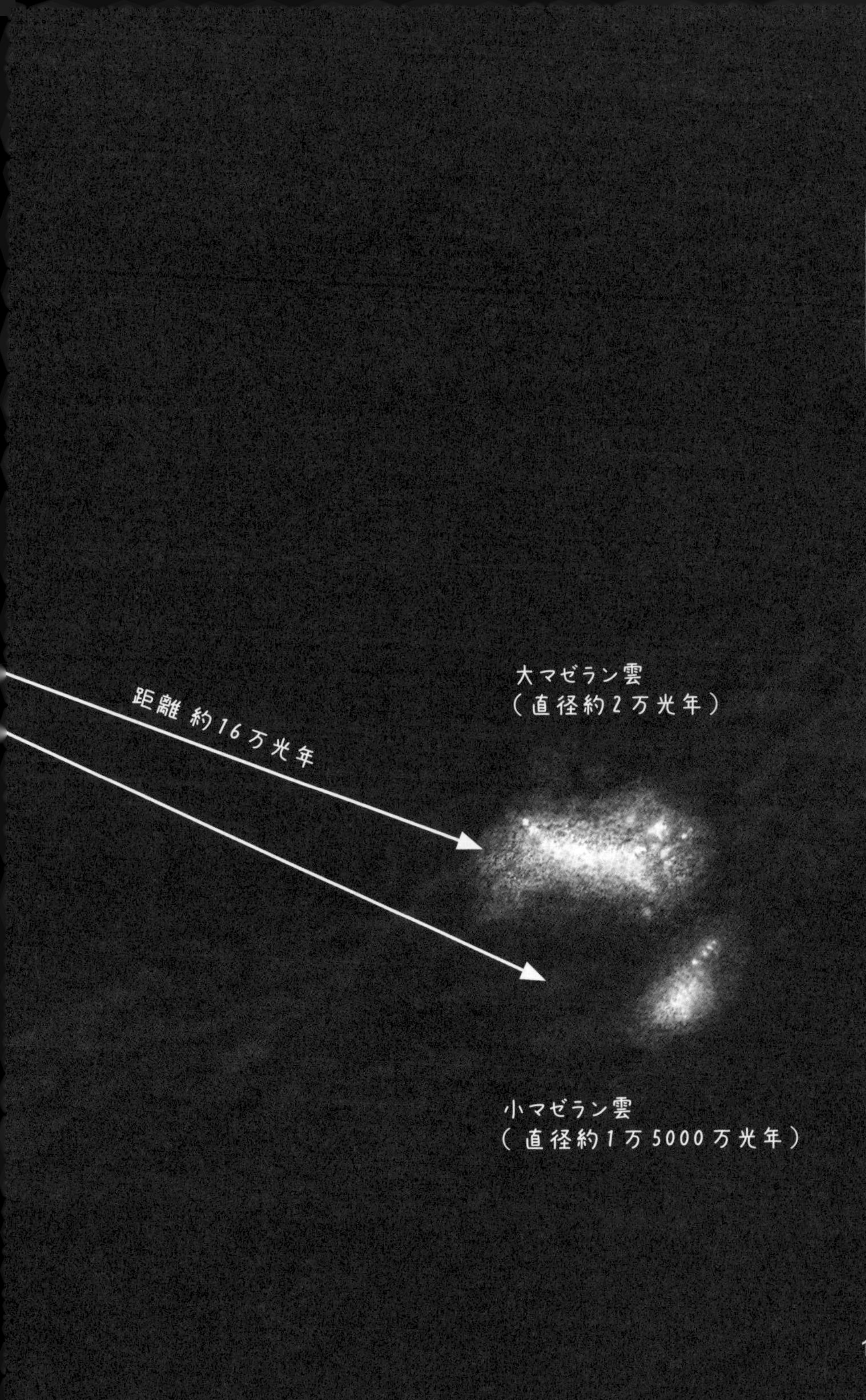
大マゼラン雲
（直径約2万光年）
距離 約16万光年
小マゼラン雲
（直径約1万5000万光年）

## 全体に丸みをおびた楕円銀河

続いて，**楕円銀河**を見ていきましょう。
楕円銀河とは，その名の通り，みかけの形が楕円形をしている銀河のことです。円に近いものから扁平なものまであり，その扁平の度合いはさまざまで，形状によっていくつかの段階に分類されます。
**おとめ座のM87やしし座のNGC3379**などが主な楕円銀河として知られています。

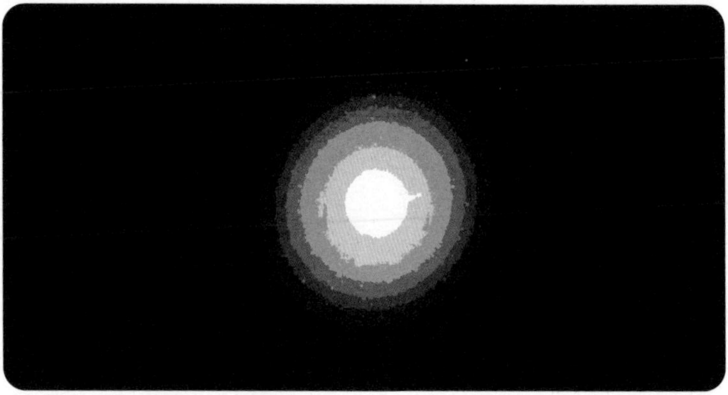

渦を巻いていない銀河なんですね。
どんな構造なんだろう。

渦がないかわりに，明るさが中心から外側に向かって規則的に減少していきます。楕円銀河の中には，新しい星が生まれるために必要なガスがほとんど存在せず，腕のような特別な模様はなく，星の生成活動は見られません。

不思議な銀河ですねえ。

ええ。実は，**楕円銀河の中の星は，ほとんどが古い星です。**それらの星の運動は無秩序なので，その速度の分散はバラバラな（＝非等方性）圧力としてはたらきます。そのため，楕円銀河は扁平なものでも，それほど回転していないのです。

なるほど。
なんだか静か〜なおとなしい銀河なんですね。

でも，その成長過程はなかなか**ドラマチック**ですよ。

ドラマチック？

はい。楕円銀河の大きさや質量は，渦巻銀河と同じくらいなんですが，銀河が集まっている銀河団の中心近くにある楕円銀河は，超巨大なものも観測されています。
**これは，周辺の銀河をその重力で引き寄せ，のみ込んで大きくなったものだろうと考えられているのです。**

**げげっ！** おとなしそうなのに!?

一方，比較的小さな楕円銀河は，宇宙の初期など，ある時期にいっせいに星が形成され，そのまま残ったものです。また，楕円銀河に似ていますが，より小さな質量の銀河は，**矮小楕円銀河**という別種の銀河に分類されます。

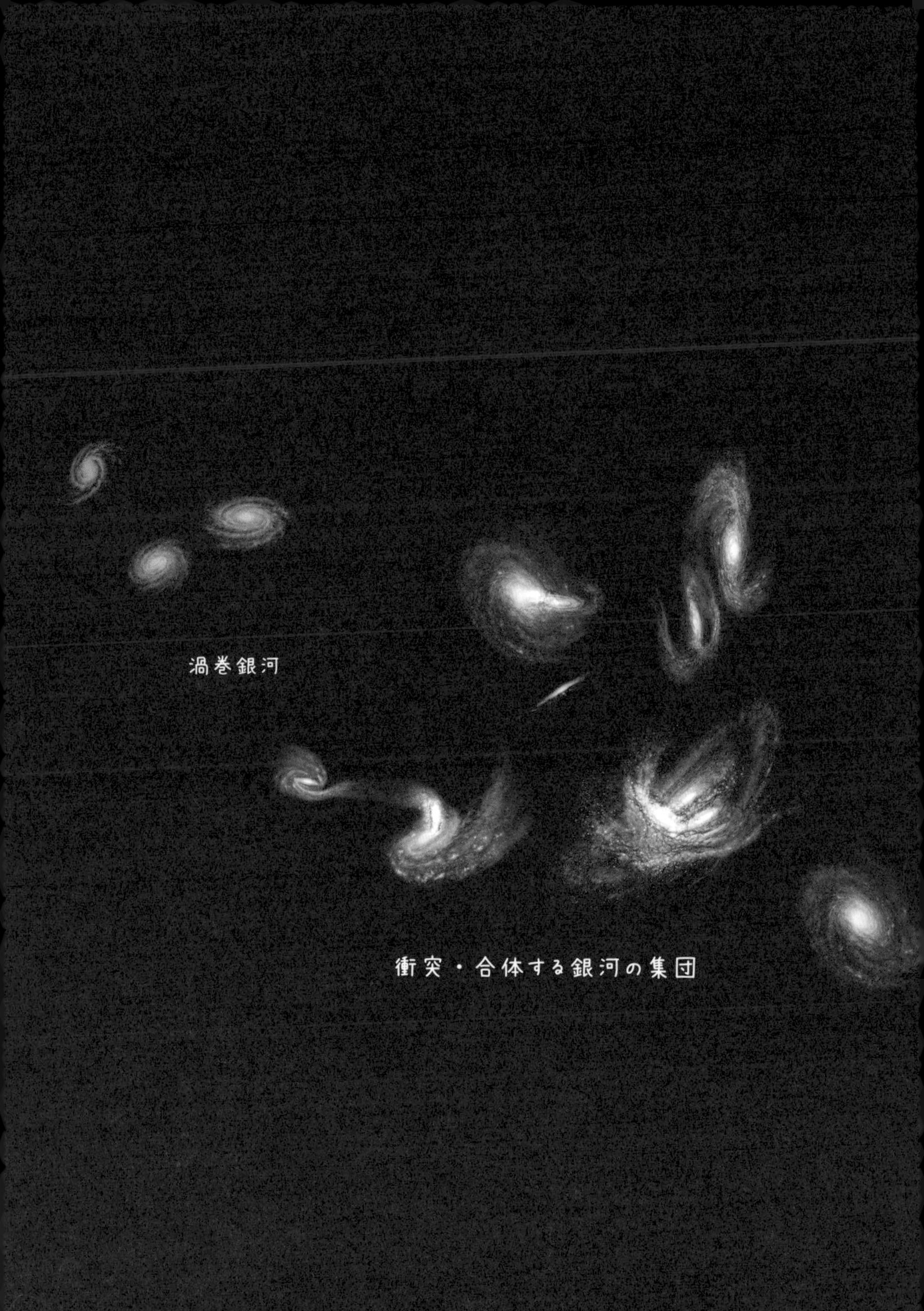
渦巻銀河
衝突・合体する銀河の集団

## 超巨大楕円銀河

楕円銀河とは，球状，もしくは楕円体のような形状の銀河のこと。天の川銀河やアンドロメダ銀河のような渦巻銀河は，円盤部の恒星がほぼ同一の方向に公転している。一方，楕円銀河は，そのような方向性がなく，個々の恒星がさまざまな方向に公転している。銀河どうしが衝突・合体をくりかえしていくと，特定の公転方向をもたない楕円銀河になると考えられている。

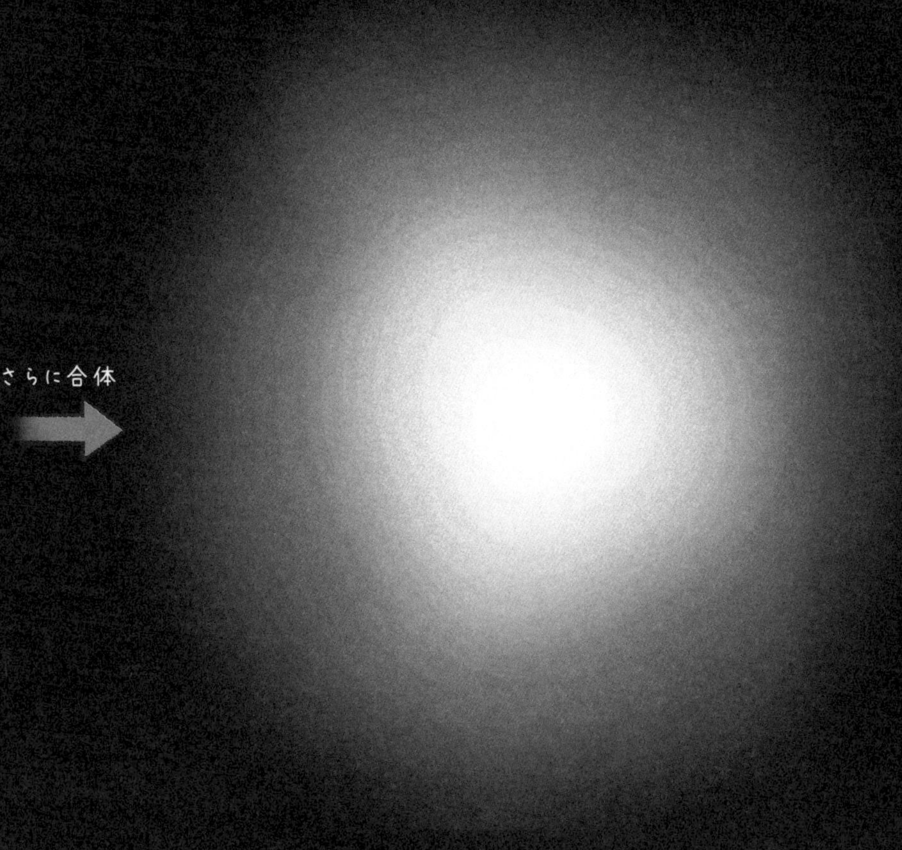

## 小さくて暗い矮小銀河

先ほど「矮小楕円銀河」っておっしゃいましたが,「すごい小さい楕円銀河」ってことですか？

その通りです。
楕円銀河に限らず，質量が太陽の$10^6$〜$10^{10}$倍ぐらいしかない，小さな質量の銀河のことを**矮小銀河**といいます。**天の川銀河の100分の1程度しかなく，矮小銀河は「楕円銀河」「渦巻銀河」「棒渦巻銀河」というハッブルの分類とは別種に分類されています。**

そうなんですね。

矮小銀河の形は楕円形をしたものが圧倒的に多いですが，普通の楕円銀河とくらべると，構成している星の光度の分布がことなっており，質量だけではなく構造的にも普通の銀河とことなると考えられています。銀河群や銀河団に多数見られ，アンドロメダ銀河の伴銀河である**M32**や，**ろ座銀河**などが矮小銀河としてあげられます。

天の川銀河の近くにも，矮小銀河はあるのですか？

はい。矮小銀河は，天の川銀河が属する「局部銀河群」の中にも多数存在しており，より大きな銀河の周囲を回っていることが多いです。
**天の川銀河のまわりにも，少なくとも18個の矮小銀河が存在することが確認されています。**

18個も!?

実際，矮小銀河は非常に暗く，以前は近距離の矮小銀河しか観測できなかったのです。しかし，観測技術の発達によって，より遠方のものも発見できるようになってきているんですよ。

ものすごく暗いんですね。

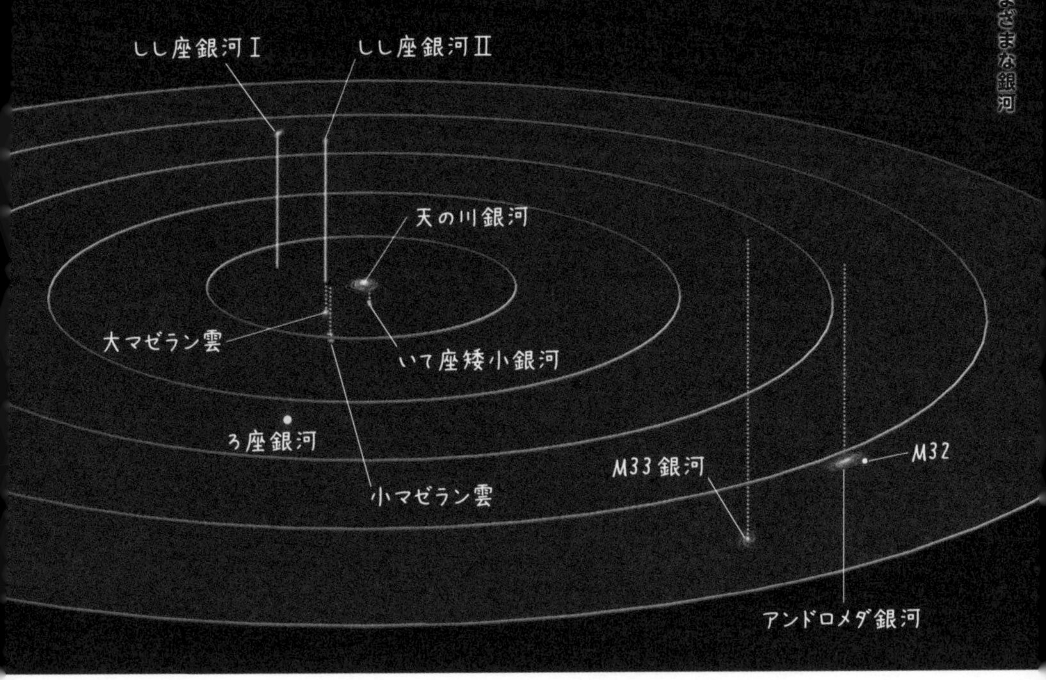


近隣の銀河の位置関係と，代表的な天の川銀河周辺の矮小銀河

## 銀河は集団になっている

ここまでお話ししてきたさまざまな銀河は，まとまって**銀河群**や**銀河団**とよばれる集団をつくっています。158ページで少し触れましたが，天の川銀河は，「局所銀河群」という集団に属しています。

はい，アンドロメダ銀河もですね！

その通りです。**局所銀河群は，渦巻銀河，矮小楕円銀河，棒渦巻銀河，不規則銀河などさまざまなタイプや，大きさもいろいろな銀河が50個以上集まっており，直径600万光年の広がりをもっています。**

もはや想像も及ばないほど果てしないですね……。

すごいでしょう。この局所銀河群の中で最も明るいのはアンドロメダ銀河（絶対等級－21等）で，次に明るいのが天の川銀河（－20等），そして「さんかく座の渦巻銀河M33（－19等）」と続きます。

アンドロメダ銀河と天の川銀河が，局所銀河群の明るさの両雄ってわけですね！

そうです。それに，明るさだけではありませんよ。
**局所銀河群の中では天の川銀河とアンドロメダ銀河がきわだって大きく，この二つで局所銀河群全体の質量の75％を占めているんです。**

次のイラストは，銀河の分布をあらわしたものです。

一番明るくて大きいんですね！　というか，質量の7割以上を占めてるって……，二つの銀河がほぼ局所銀河全体を占めているようなものじゃないですか。
分布を見ると，天の川銀河の周辺とアンドロメダ銀河の周辺に，ちっちゃい銀河のグループがありますね。

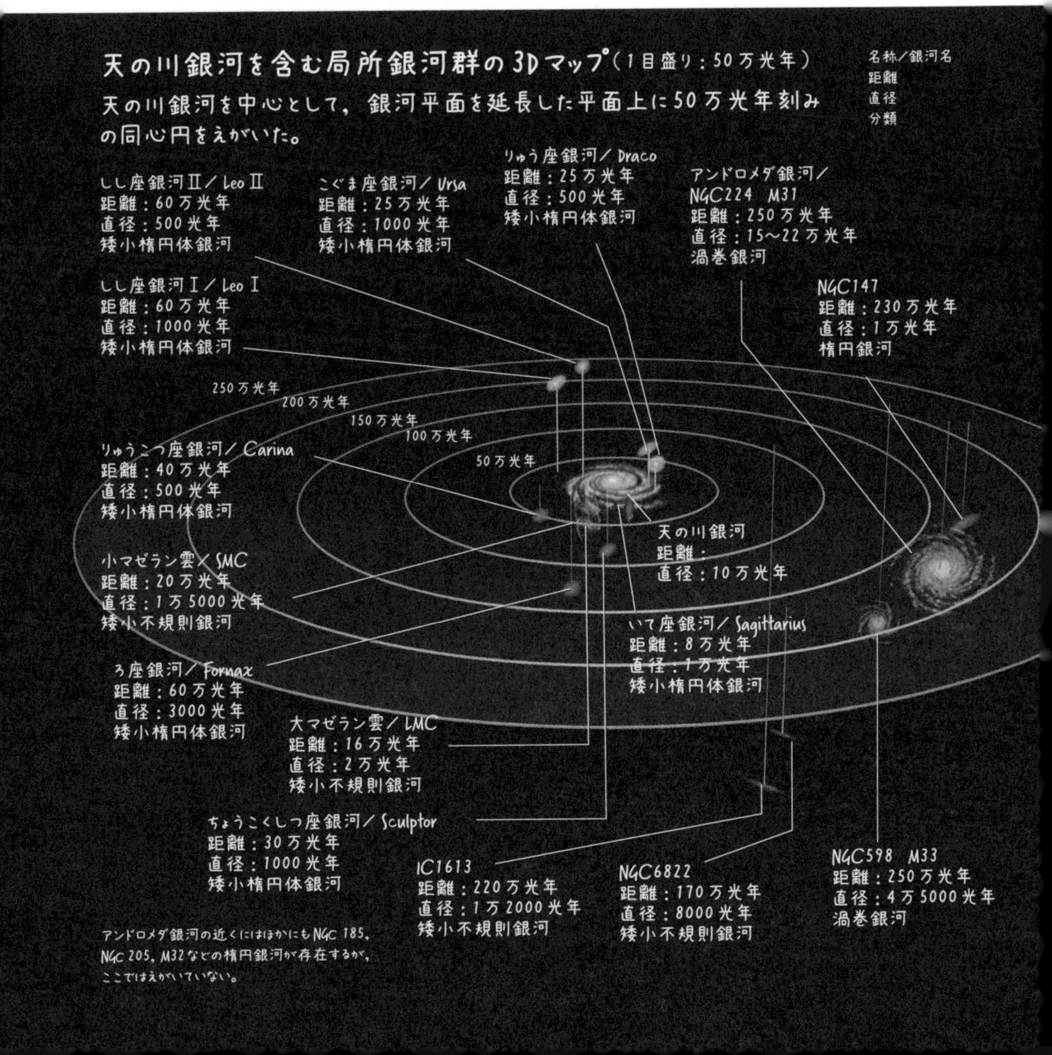

ところで，銀河の間の空間は真っ暗ですけど，この部分には何もないのですか？

銀河と銀河との間の宇宙空間はほぼ**真空状態**です。
しかし，まったく何もないわけではなく，希薄なガスがあると考えられています。
そして，先ほども少しお話ししましたが，**局所銀河群はすべて，おたがいに重力的に結びついています。**

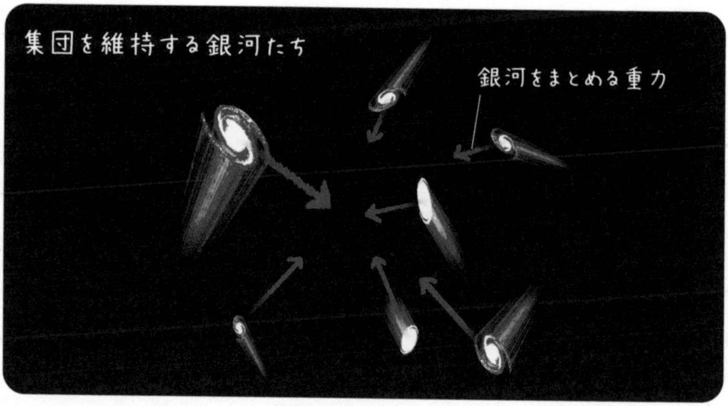


集団を維持する銀河たち

光の速度で何万年も何百万年もかかるような距離なのに，重力的に結びついているとは……。
先生，この局所銀河群の外にも，また別な銀河の集団があるわけですか？

その通り！　天の川銀河が所属する局所銀河群のように，3個以上・数十個程度以下の銀河が集まった集団は**銀河群**とよばれます。一方，1000万光年程度の領域に50個より多くの銀河が集まっている銀河集団は**銀河団**とよばれます。

銀河団は，銀河群の上にある，より大きな銀河集団ということですか。

そうです。これまで天文カタログにおさめられた銀河団は，全天で約**1万個弱**になります。

**ぎえ〜！** 銀河じゃなくて，銀河団が，1万個!?

**ポイント！**

**銀河群**

3個以上・数十個程度以下の銀河が集まった集団。

**銀河団**

1000万光年程度の領域に50個より多くの銀河が集まっている銀河集団。

そうです。
天の川銀河から最も近い銀河団は，距離5900万光年の**おとめ座銀河団**で，ほかの比較的近距離にあるものとしては，距離1億2000万光年先にある**ポンプ座銀河団**，距離3億2000万光年先にある**かみのけ座銀河団**などがあります。

い，一気に距離のスケールの桁が変わりましたね！
この広い範囲に，銀河団が分布しているのかぁ……。

ただし，銀河団の中で銀河が分布するみかけの形はさまざまです。
たとえば，「かみのけ座銀河団」は円に近い規則的な形をしていますが，「おとめ座銀河団」は不規則な形をしています。また，ほとんどの銀河団は**X線**を放射しています。これは，銀河団の中に閉じこめられた高温ガスからの熱放射だと考えられています。

へえ〜！
銀河団も，銀河と同様にいろいろな形があるんですね。

## 銀河団より巨大な超銀河団がある！

ここで，天の川銀河に一番近い**おとめ座銀河団**を見てみましょう。
おとめ座銀河団の直径は**1000万光年**で，渦巻銀河，楕円銀河，不規則銀河など**約2500個**の銀河からなっています。中心部への銀河の集中はほとんどなく，不規則な形をしている銀河団です。

こ，これはまた規模がデカいですね。

おとめ座銀河団は，天の川銀河団の近くにあるため，明るい銀河が多く，先にも述べた『メシエカタログ』にも，**M49**（みかけの等級で9.3等），**M60**（9.8等），**M104**（9.3等）をはじめ，16個の比較的明るい銀河がおさめられています。
13等より明るいものだと，**約150個**にのぼります。

すごく明るい銀河団なんですね。

そうですね。
おとめ座銀河団の中心には強烈な電磁波を放射している活動銀河として知られる，**楕円銀河M87**があります。その質量は天の川銀河の数十倍という膨大なものです。

## 天の川銀河の数十倍〜!?

大きいでしょう。楕円銀河M87の中心核からは熱いガスの**ジェット**が噴きだしており，このジェットから強力な**電波**が放射されているのです。

ガスのジェット，強力な電波が放射ときたらそれはもう……。

そう，お察しの通り，ブラックホールです。
147ページで紹介したように，2019年，世界8か所の電波望遠鏡を使ったプロジェクト，**EHT**によって，**このM87の中心にある，太陽の65億倍もの質量をもつブラックホールが観測されました。**

## 太陽の，ろ，ろくじゅうごおくばい……。

さて，銀河が数多く集まった銀河団にはもっと上があります！　銀河団よりも大きな集団体系を**超銀河団**といいます。**超銀河団は複数の銀河群や銀河団からなり，その大きさは1億光年以上になります。**

ひいい！
大きさがついに1億光年をこえた！

天の川銀河から距離約1億光年以内にある銀河は，おとめ座銀河団を中心に**おとめ座超銀河団**を構成しています。このほかの超銀河団としては，**かみのけ座超銀河団**，**ペルセウス－うお座超銀河団**などが知られています。

超銀河団もたくさんあるんですね。

ポイント！

### 超銀河団

1億光年以上の領域に，銀河群や銀河団が集まっている集団。

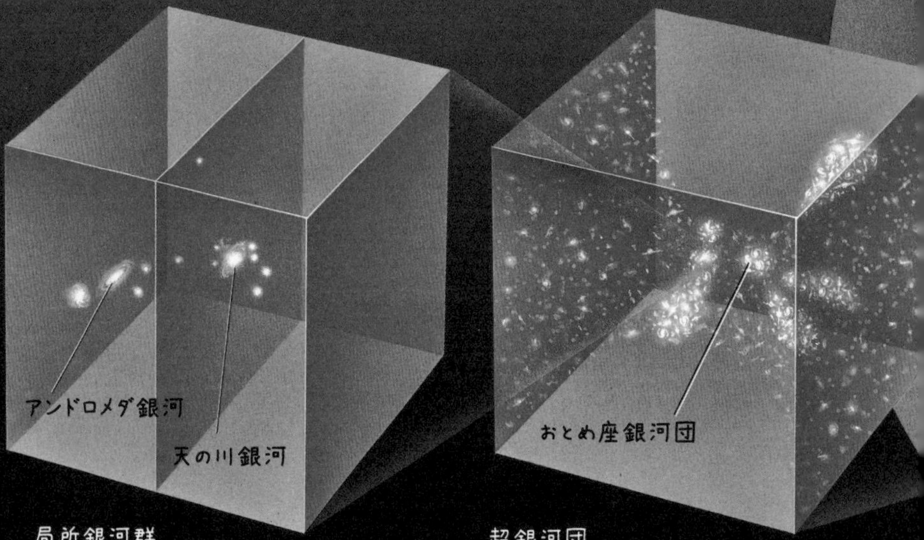


局所銀河群
（一辺が600万光年）

超銀河団
（一辺が3億光年）

はい。一方で宇宙には，1億光年以上にわたって銀河がほとんどない空洞のような領域があり，この空洞のような空間を**ボイド**といいます。**超銀河団は糸状や板状になって，ボイドを囲むように分布しており，そのようすは無数の泡が連なったように見えます。**

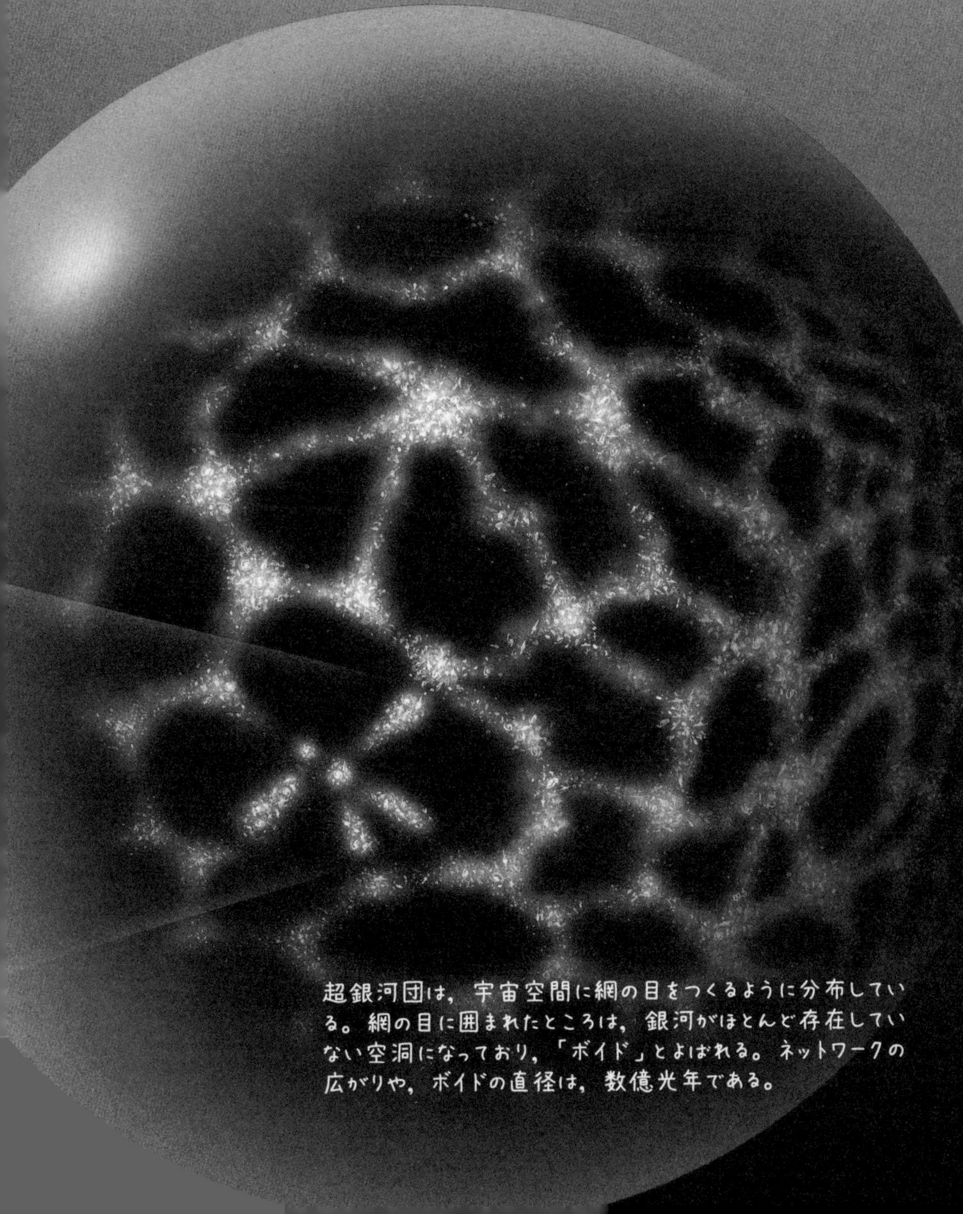

超銀河団は，宇宙空間に網の目をつくるように分布している。網の目に囲まれたところは，銀河がほとんど存在していない空洞になっており，「ボイド」とよばれる。ネットワークの広がりや，ボイドの直径は，数億光年である。

この，超銀河団とボイドがつくる構造が宇宙のいたるところに存在すると考えられており，これを**宇宙の大規模構造**とよんでいます。

う，宇宙の大規模構造……。

ポイント！

### 宇宙の大規模構造

超銀河団とボイドがつくる，泡が連なったような構造。

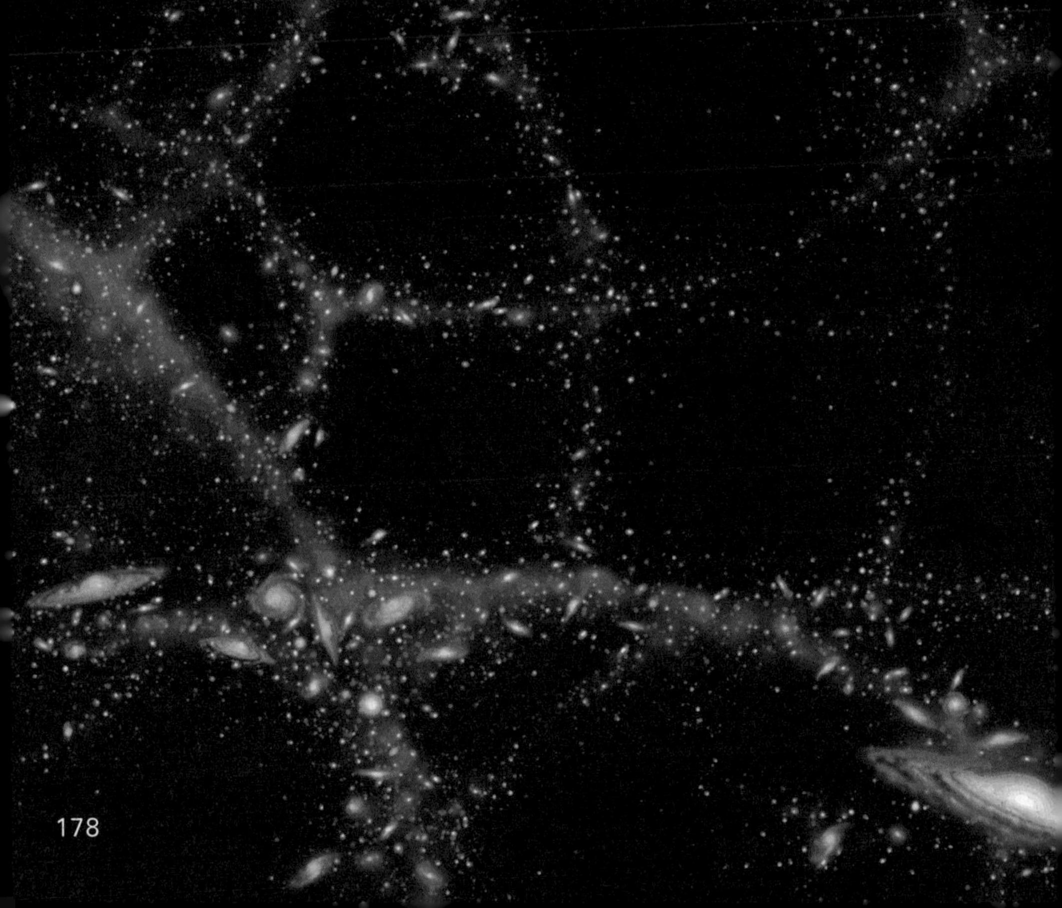

1980年代末に，アメリカの天文学者**マーガレット・ゲラー**（1947～ ）と**ジョン・ハクラ**（1948～2010）らは，分光観測を行い，「宇宙の地図」をつくりました。そこには，銀河が密に集まる壁**グレートウォール**や，棒をもった人型のように見える**スティックマン**，そしてボイドがはっきり示されており，宇宙の大規模構造の存在が実証されただけでなく，銀河が宇宙空間にどのように分布しているかが，明らかにされたのです。

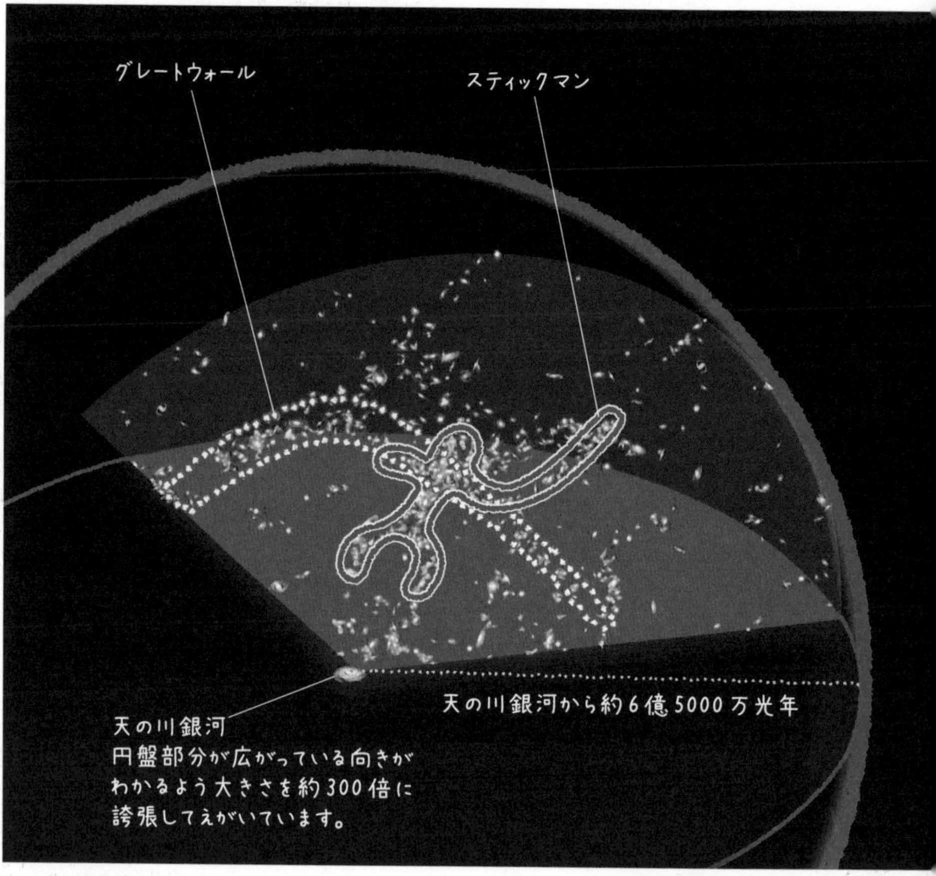

## 遠くにある“古い”銀河を探しだせ

遠くにある銀河を観測することは，宇宙の姿やその誕生の謎にせまることができる可能性があります。
近年では，**電磁波**を使った観測方法が定着し，さまざまな成果をあげています。ここからは，そのしくみやプロジェクトについてお話ししましょう。

観測技術はますます発展しているんですね！

宇宙空間を含めたこの世界のあらゆる物質は，さまざまな電磁波（電気エネルギーの波）を放出したり反射したりしています。
これらの電磁波はことなる周波数をもち，周波数が低い（波長が長い）ものから順に，「極超長波」，「ラジオ波」，「マイクロ波」などの**電波**，それより高い周波数をもつ**赤外線**，**可視光線**，**紫外線**，さらに高い**X線**，**ガンマ線**となっています。

天文学では，天体などから放出されるそうした電磁波をとらえて観測するんですね。

その通りです。
これらの電磁波の波長をとらえ，分析することで，天体の姿を明らかにできるのですが，実はそこには**大きな問題**があるんです。というのは，電磁波は**大気の影響**を受けてしまうんです。だとすると，どこが観測に最も理想的な場所だと思いますか？

大気のせいなんだから，大気がない場所で観測しないといけないわけですよね。宇宙に持っていくしかないのでは……。

**正解！**
宇宙空間なら大気がないので，電磁波は減衰されず，十分に観測できます。しかし宇宙空間に観測機器を持っていくと，今度は機器の修理や交換がきわめてむずかしくなり，何かあれば観測を中止せざるをえません。また，宇宙に持っていくとなれば，**ロケット**を打ち上げなくてはなりません。そのためには，ロケットの打ち上げから衛星の軌道投入まで行える確かな技術と経験があり，おまけに十分な**予算**がある機関でなければなりません。

うーん……。
なかなか大変なものですね。

そうなんです。しかし，そのような中で，NASA（アメリカ航空宇宙局）は，宇宙空間に観測衛星を投入し，さまざまな電磁波を観測するグレートオブザバトリー計画を遂行しているのです。

グレートオブザバトリー？　何ですか，それ？

**グレートオブザバトリー計画は，「可視光線」だけでなく，人間が見ることができない「赤外線」「X線」「ガンマ線」を，4機の宇宙望遠鏡で観測し，その観測データを組み合わせることで宇宙の姿を浮かび上がらせることを目指すプロジェクトなんです。**

なるほど～！

この計画の皮切りになったのは，1990年に打ち上げられたハッブル宇宙望遠鏡（紫外線，可視光線，近赤外線を観測）です。以後，コンプトンガンマ線観測衛星（1991年打ち上げ，2000年に運用停止），チャンドラX線観測衛星（1999年打ち上げ），スピッツァー宇宙望遠鏡（赤外線の観測。2003年打ち上げ）を宇宙空間に投入し，天文学上のさまざまな発見が現在までにもたらされたのです。さらに新しいものでは，2021年に新たな赤外線の観測衛星ジェームズ・ウェッブ宇宙望遠鏡（JWST）が打ち上げられました。これはNASAとESA（欧州宇宙機関）が協力して行っています。

すごい！
こんなに打ち上げられているんですね。

そうなんです。
もともと，グレートオブザバトリー計画で赤外線の観測を担っていたのは，2003年8月に打ち上げられたスピッツァー宇宙望遠鏡でした。しかし，スピッツァー宇宙望遠鏡は，打ち上げ当初は赤外線の中でもとくに波長の長い，遠赤外線（0.03～0.3ミリメートル）の観測も行えていたのですが，2009年に装置の冷却剤が枯渇してしまい，2020年1月に，ついにスピッツァー宇宙望遠鏡の運用は終了してしまったのです。

残念ですね。

また，1990年に打ち上げられたハッブル宇宙望遠鏡は，2021年6月に，搭載されているコンピューターに不具合が生じました。完全に復旧したとはいえ，設計寿命の15年をすでにこえて運用されているのが実情です。

そうか，機器の寿命もあるんですね……。やっぱり宇宙に観測装置を持っていくのは大変なんですねえ。

そうなんですよ。
でもそんな中，スピッツァー宇宙望遠鏡やハッブル宇宙望遠鏡の後継機として期待されているのが，2021年に打ち上げられたジェームズ・ウェッブ望遠鏡なのです。

みんなの期待を一身に背負っているわけですね！
やはり，ジェームズ・ウェッブ望遠鏡は，これまでにはなかった新機能を搭載していたりするんですか？

ええ。まず，一般的に望遠鏡で遠くにある暗い天体を見つけるためには，「光をよく集められる構造にする」か，「光の検出器の感度を高めるか」のどちらかの機能が必要となります。

ふむふむ。普通のカメラでもそうですよね。

**望遠鏡の光を集める能力（集光能力）は，鏡の直径の2乗に比例します。**先ほどお話ししたスピッツァー宇宙望遠鏡の鏡の直径は90センチメートルでした。しかし，ジェームズ・ウェッブ宇宙望遠鏡の鏡の直径は，**6.5メートル**もあるんです。

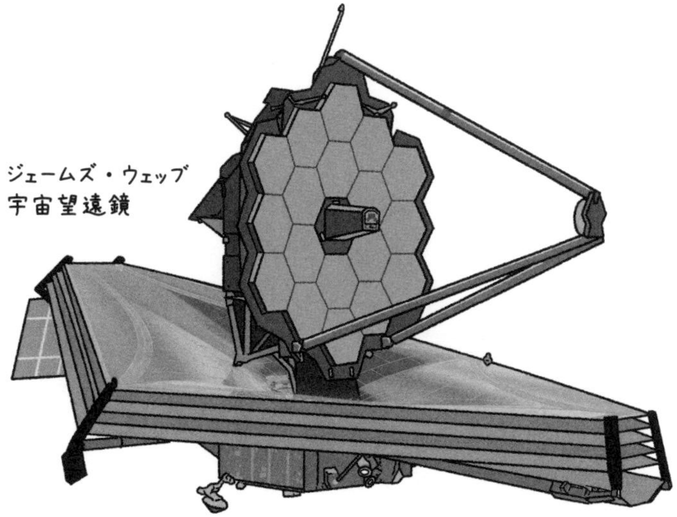

**6.5メートルぅ!?**　とんでもなく大きいですね！
どれだけちがいが出るんですか？

単純に計算すると，ジェームズ・ウェッブ宇宙望遠鏡の集光能力は，スピッツァー宇宙望遠鏡の**約50倍**になります。この鏡とともに，スピッツァー宇宙望遠鏡の赤外線検出器よりも感度の高い検出器を利用すれば，より暗い天体を観測することができ，その検出感度は，これまでの**100倍**をこえるといわれています。

すごい！　めちゃくちゃ性能アップですね！
ジェームズ・ウェッブ宇宙望遠鏡を使えば，もっと遠くにある，歳をとった銀河の暗い光も観測できるかもしれませんね！

その通りです。
**ジェームズ・ウェッブ宇宙望遠鏡ならば，これまでの望遠鏡では観測できなかったような，けたちがいに暗い天体や，これまでに観測されていたよりももっと初期の星の誕生現場などが次々と発見できると期待されています。**

うわ〜！　結果が楽しみですね。

この宇宙で，どのようにして星々が誕生し，このような複雑な世界をつくりあげていったのか……。スピッツァー宇宙望遠鏡やハッブル宇宙望遠鏡が果たしてきた役割を受けついだジェームズ・ウェッブ宇宙望遠鏡は，天文学はもちろん，私たちの宇宙観にも大きなインパクトをあたえる可能性があるのです。

ハッブル宇宙望遠鏡

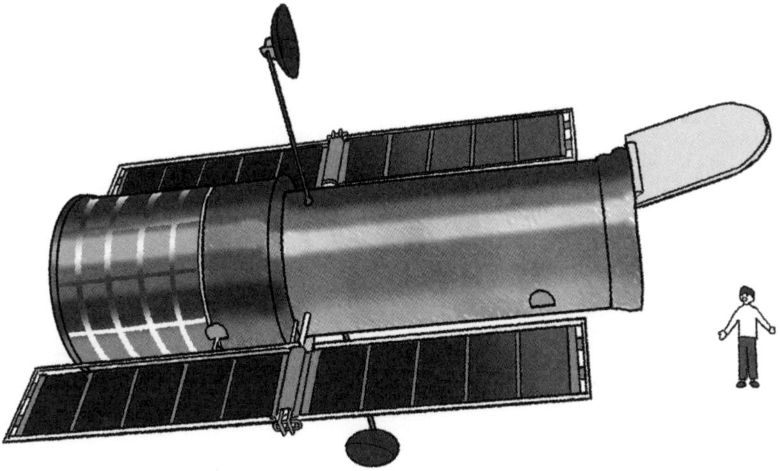

偉人伝❷

# 宇宙膨張を発見，エドウィン・ハッブル

エドウィン・ハッブルは，1889年に，アメリカのミズーリ州で生まれました。中学・高校時代，スポーツの才能に恵まれ，ボクシングやバスケットボールなどで活躍しました。

ハッブルは，シカゴ大学に入学し，数学や天文学などを学びます。1910年に卒業したのち，イギリス，オックスフォード大学に奨学生として留学し，法学を学びました。その後は，弁護士としてはたらきますが，天文学の道をあきらめられず，シカゴ大学のヤーキス天文台で天文学の研究に取り組むようになります。1919年，アメリカ，カリフォルニア州にあるウィルソン山天文台に移り，生涯，この天文台で過ごしました。

## 天の川銀河の外にも宇宙が広がっている

ハッブルは，当時の宇宙観を大きく変えてしまう発見をしています。宇宙には，ガスやちりが集まってできた「星雲」という天体があり，天文観測によって，ぼんやりと広がった雲のような姿を見ることができます。20世紀に入るまで，われわれが住む天の川銀河の外にある銀河も，天の川銀河の中の星雲だと考えられていました。天の川銀河こそ宇宙そのものだと考えられていたのです。しかし，1920年代に入ると，一部の星雲が天の川銀河と同じく巨大な星の集団ではないかという考えがおき，二つの考えの間で大論争がおきます。

そんな中ハッブルは，アンドロメダ星雲（銀河）という星雲の中にセファイド変光星という距離をはかる目安になる星

を1923～1924年の観測で見つけだします。

それを元に距離を計測したところ，天の川銀河の直径よりもずっと遠い場所にあることがわかりました。つまり，アンドロメダ星雲は，天の川銀河の中の天体ではなく，天の川銀河と同じような銀河だと判明したのです。この発見により，天の川銀河は宇宙のすべてではなく，天の川銀河の外にも宇宙が広がっていることが明らかになりました。

### 宇宙は膨張していた

さらに1929年，ハッブルは天文観測から，天文学史の中でも重要な論文を発表します。その論文は「多くの銀河は私たちから遠ざかっており，その速度は遠い銀河ほど大きく見える」とのべたものです。これは，宇宙空間が膨張していることを示す結果でした。ハッブルは，宇宙は永遠に不変だという考え方を否定し，宇宙は膨張している，という現在の宇宙観をもたらしたのです。

# 4

時間目

# 銀河の衝突と大規模構造

STEP 1

# 天の川銀河とアンドロメダ銀河の大衝突

**私たちの天の川銀河とアンドロメダ銀河は現在接近しており，やがて衝突するといわれています。衝突したら，二つの銀河はどうなってしまうのでしょう!?**

## 原始銀河は合体をして進化してきた

宇宙にはたくさんの銀河があり，それらが集団をつくり，大規模な構造をつくっているとお話ししました。
ここでは，銀河がいつ，どのようにして誕生したのか，その**歴史**をたどってみましょう。

すごく興味あります！

まず，舞台は誕生したばかりの宇宙です。
銀河は星の集団で，星の材料は**ガス**です。ですから，星，そして銀河が生まれるためには，まず材料となるガスが集まらなくてはなりません。
しかし，誕生したばかりの宇宙では，ガスはほぼ均一に漂っているだけでした。

ガスが漂っているだけじゃだめなんですね。
ガスが集まらないと。

その通りです。1時間目でもお話ししたように，宇宙空間には銀河の密集したところとそうでないところがあります。つまり，むらがあるわけです。
1970年代になると，**「宇宙誕生から今日までの間に，現在のようなむらのある宇宙の構造ができるようにガスを集めるには，原子のような“見える物質”の質量だけでは足りないのではないか」**と考えられるようになっていきました。

重力は質量に応じて発生するわけですからね……。
ガスを集めるには，原子の質量だけじゃ足りないと。

そうです。そして1985年，イギリスのサセックス大学のカルロス・フレンク博士らは，**「星や銀河の材料となるガスを集める原動力（質量）こそが，ダークマター（暗黒物質）である」**という仮説を発表したのです。

ダークマター!?
それって，見えない謎の物質でしたよね！

そうです。1時間目で，宇宙の主役はむしろダークマターであるとお話ししました（77～79ページ）。おさらいになりますが，ダークマターとは，可視光線のみならず，赤外線，X線，電波など，いかなる波長の光でもとらえることができない“見えない”物質で，宇宙の約26％もの成分を占めるとされる，重要な物質でもあります。

**ポイント！**

**ダークマター**

可視光だけでなく，どんな波長の電磁波（赤外線，X線，電波など）でも観測することはできない，謎の物質。普通の物質と同じように，質量の大きさに応じて周囲に重力をもたらす。

そのダークマターが，どうやって銀河を形成するのですか？

フレンク博士らの仮説によると，まず，ほかの場所よりもダークマターが少しだけ多く集まる場所が“偶然”できます。すると，そこは周囲よりも重力が強くなり，さらにダークマターが集まってきます。

きっかけは“たまたま”なんですね。

はい。そして，ダークマターがある程度集まると，ダークマターの重力でそこにガスが引き寄せられてきます。集まったガスは自身の重力で収縮していき，星が生まれ，銀河が形成されるというわけです。

なるほど。

さらに多くの銀河が集まってくれば，銀河団が形成されます。こうして，宇宙の大規模構造ができあがったというのです。この過程は，あとからくわしくお話ししますね（234～238ページ）。

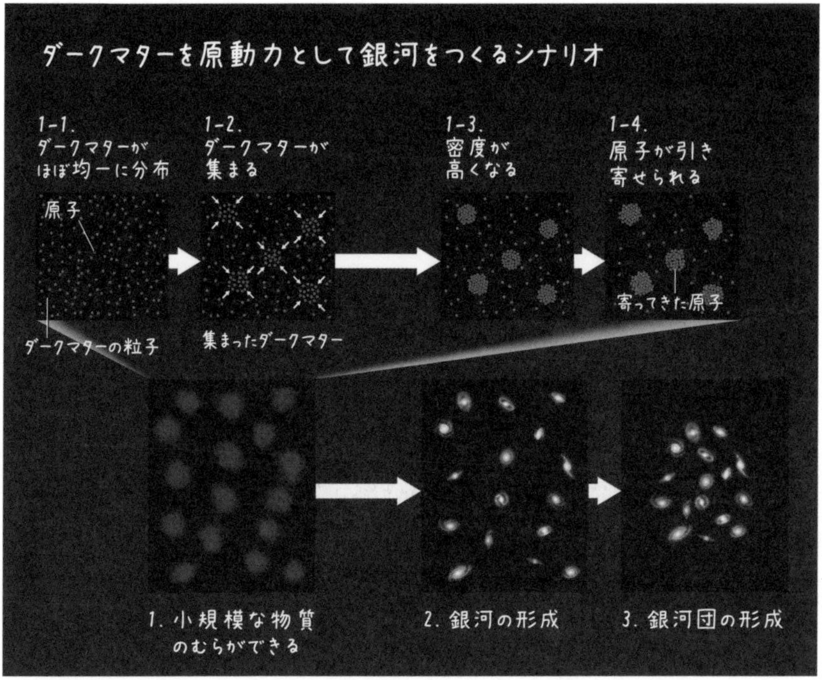

でもダークマターって，見えない物質なんですよね。
その説が正しいことをたしかめる方法はあるんですか。

2009年，東京大学で，宇宙にダークマターが存在すると仮定した場合と存在しないと仮定した場合の，宇宙の大規模構造の成長のようすをシミュレーションでくらべる実験が行われました。
すると，**ダークマターが存在すると仮定したシミュレーションでのみ，年月とともに物質の濃淡が大きく成長していき，約138億年たつと銀河の大規模構造によく似た物質の濃淡があらわれたのです。**
この結果は，宇宙にダークマターが存在しなければ，銀河の大規模構造は形成されえないことを示しています。

すごい！　ダークマターでガスが集まると，どうやって銀河ができるんでしょうか？
もう少しくわしく教えてください。

ダークマターの重力に引かれて集まったガスは，**原始ガス雲**とよばれます。

この原始ガス雲は，自身の重力によって収縮が進み，密度が高まっていき，ガスのかたまりへと成長していきます。これが**星の種**となり，やがて恒星が形成されます。

たまたま集まったダークマターの重力でガスが引き寄せられ，ガスがかたまりになって，星が誕生するというわけですね。

そうです。
さらに，恒星が少しずつ集まり，こうして，銀河の赤ちゃんともいえる**原始銀河**が生まれます。ところで，観測によると，現在の宇宙空間は**電離（イオン化）**しています。

でんり……って，何でしたか？

**電離とは，原子や分子が電子を放出して，電気をおびることです。電荷をおびた原子や分子の集まりをイオンといいます。**

宇宙空間がビリビリした状態になってるわけですか。

そんな感じです。
このような宇宙空間の電離をおこすには，大量の**大質量星**が必要になります。**大質量星というのは，太陽の8倍以上の質量をもつ恒星のことです。**このことから，生まれたばかりの原始銀河では，短い期間に大質量星が爆発的に生成される**スターバースト（星形成）**がおきていたのではないかと考えられています。

スターバースト，ってすごい響きですね。星がブワーっといっせいに生まれたんですか。すごいなぁ。

さて，2時間目で，恒星は質量が小さなものは燃え尽きると白色矮星になり，質量が太陽の8倍をこえる大きなものは**超新星爆発**をおこして最期をむかえるとお話ししましたね。
スターバーストでいっせいに誕生した恒星も，燃え尽きるときがやってきます。大質量星ですから，最期は超新星爆発をおこします。それがまた次々に超新星爆発をおこすわけですね。

超新星爆発，って文字通り大爆発するわけですか。

そうですね。少し本題からそれますが，超新星爆発について少し触れておきましょう。まず，恒星が光り輝くのは，中心で**核融合反応**をおこしているからです。**核融合反応というのは，軽い原子どうしがぶつかり合って，より重い原子核が生成される反応のことで，この反応で爆発的なエネルギーが生まれるのです。**

恒星ってそうやって輝いていたんですね。

そうなんですよ。
最初に燃料となる最も軽い原子は**水素（H）**です。そして，水素どうしがぶつかり合って**ヘリウム（He）**の原子核が生成されます。水素が燃え尽きると，今度は新たに生成されたヘリウムが燃料となります。
さらにヘリウムから，今度は**炭素（C）**が生まれます。

へえ～面白い！　ヘリウムが燃え尽きると，今度は炭素が燃料になるわけですね。

その通りです。軽い原子が核融合反応をおこして重い原子が生成され，それが燃料となって，またさらに重い原子が生成されて，という具合です。
そして最後，**ついに燃料となる原子がなくなり，核融合反応を終えると，恒星を収縮させる重力と，恒星を外側に膨張させるガスの圧力のバランスが崩れ，恒星はどんどん膨張して巨大化していくんです。**

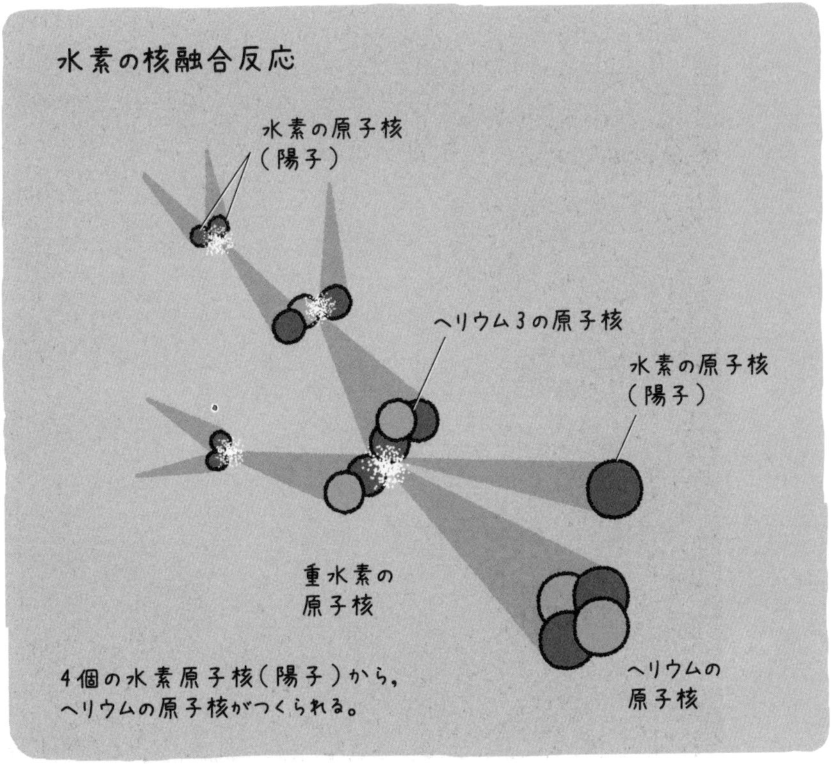

**そして，最後に大爆発をおこして終わりをむかえます。このとき，一つの恒星がおこす超新星爆発の輝きは，銀河全体の明るさよりも明るいと考えられているんですよ。これが超新星爆発です。**

そ，壮絶ですね……。

原始銀河では，いくつもの大質量星が次々に超新星爆発をしたのですから，それはもうすごい爆発力だったでしょう。

超新星爆発

ガクガク……。

大質量星が次々に超新星爆発をおこすと，その爆発によってスーパーウインド（銀河風）が生じます。
すると，原始銀河に残っていたガスは，スーパーウインドに吹き飛ばされて，星だけが残ります。こうして星だけ残った銀河が，**楕円銀河**になるといわれています。

いやあ，ドラマチックですねえ。超新星爆発の爆風で銀河内のガスが吹き飛んでしまうなんて。

すさまじいでしょう。
一方，もしも原始ガス雲が回転をしていた場合は，ガスの収縮がゆっくり進むため，比較的おだやかなスターバーストがおきます。そのため，最終的には円盤部分にはガスが残り，**渦巻銀河**になります。

へえ，楕円銀河か渦巻銀河になるかは，原始銀河のガスの状態によるわけなんですね。

そうですね。
宇宙は誕生してから**138億年**であると考えられています。観測技術の進歩によって，130億年ほど前の小さな銀河がいくつか発見されています。
これらの小さな銀河の直径は天の川銀河のわずか20分の1ほどです。調査の結果，これらの銀河では，スターバースト（星形成）が宇宙誕生から数億年後にはすでにはじまっていたとみられています。

星の形成はずいぶん昔にはじまっていたんですね。

ええ。さらに銀河の成長はそれで終わりではありません。**星を形成するようになった銀河は，その後，ほかの銀河と衝突・合体をくりかえしていくのです。**

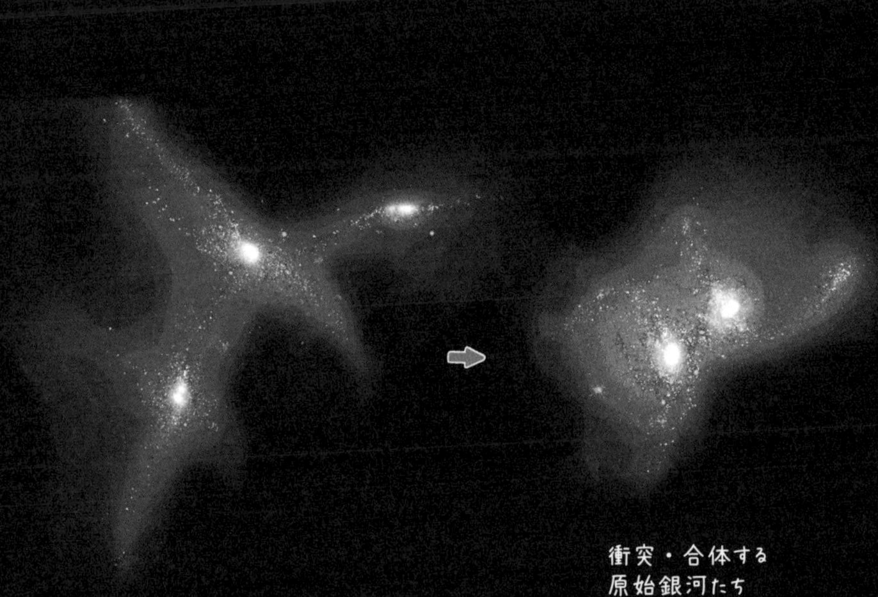

## 衝突をくりかえす!?

はい。観測の結果，宇宙の年齢とともに銀河の数は減ってきていることがわかっています。現在では，**宇宙誕生から30億年の間に，銀河どうしの衝突・合体が頻繁におきていたと考えられるようになっています。**

## アンドロメダ銀河が天の川銀河に接近中

先生，銀河は長い長い年月をかけて，小さな銀河から大きな銀河へと“**成長**”しているんですねえ。
ところで「銀河は衝突・合体をくりかえす」というのが引っかかっているのですが。私たちの天の川銀河は大丈夫なんですか？

実は，天の川銀河も，近い将来，別の銀河と衝突すると考えられています。

本当ですか!?

はい。**天の川銀河は，ゆくゆくはアンドロメダ銀河と衝突すると考えられているのです。**このアンドロメダ銀河をくわしく観測すると，どうやらこちらに向かって猛スピードで近づいているらしいのです。

**猛スピードで接近中〜!?**
まずいじゃないですか！　どうしたらいいんですか？

ハハハ！　ご安心ください。
NASAのハッブル宇宙望遠鏡を使った観測によると，アンドロメダ銀河と天の川銀河は，1秒間に約109キロメートルの速さで接近中だそうです。
これは1年間に約34億キロメートル，つまり約0.00036光年近づいている計算になります。

へ？　ええっと，私たちの銀河とアンドロメダ銀河って250万光年はなれているんでしたよね？

はい。距離が近くなるにつれて，たがいにおよぼし合う重力が強くなるため，接近速度はどんどん速くなっていくと予想されます。
このまま接近が続けば，およそ**37〜38億年後**に衝突をはじめるだろうと考えられています。

なんだ，そんな先なんですね！
驚かさないでくださいよ〜！

## 二つの銀河が繰り広げる壮大な衝突劇

衝突がすぐにおきないと聞いて安心しました。でも実際に衝突はおきるわけですよね。衝突がおきたら，星と星はぶつかり合って粉々になってしまうのではないですか？

NASAの研究者らによると，天の川銀河とアンドロメダ銀河の衝突は，おたがいの形が大きく変化するほどのはげしいものになると予想されています。
でも，**実は銀河が衝突しても，二つの銀河の星々は，ぶつからずに“すり抜ける”と考えられているんです。**

え？　すれちがうわけですか？

天の川

はい。銀河は星の集団ですが，星どうしの間隔はとてつもなく広いため，銀河が衝突しても星どうしがぶつかることはまれだといわれています。**ただし，すり抜ける際に，相手の銀河の重力の影響を受けてそれぞれの星の運動が変化するため，銀河の構造は大きく乱れると考えられています。**

アンドロメダ銀河

また，いったんすり抜けて距離が開いても，おたがいの重力によって引き合い，ふたたび接近します。**こうして衝突とすり抜けをくりかえし，二つの銀河は徐々に一つにまとまっていきます。**そして，もともと渦を巻いていた両銀河の形は衝突のたびに大きくくずれ，**約60億年後，二つの銀河はまとまって，最終的に一つの巨大な「楕円銀河」になると考えられています。**

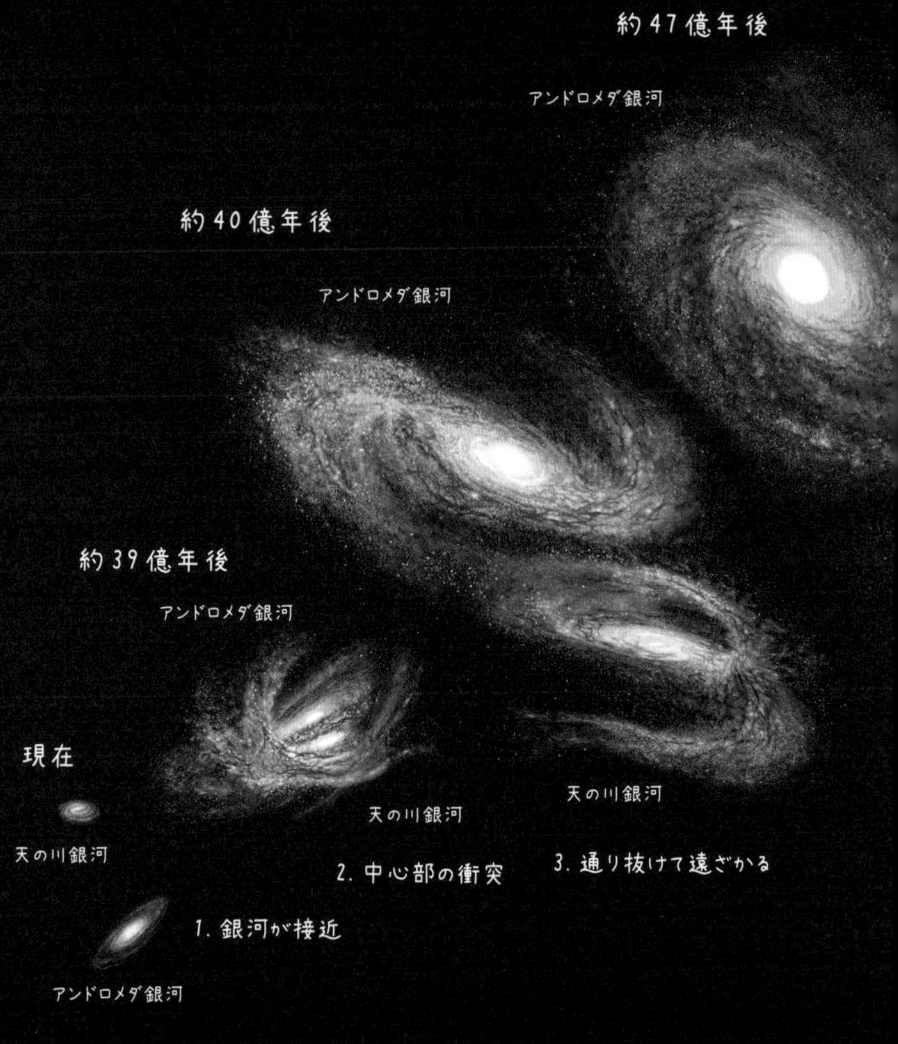

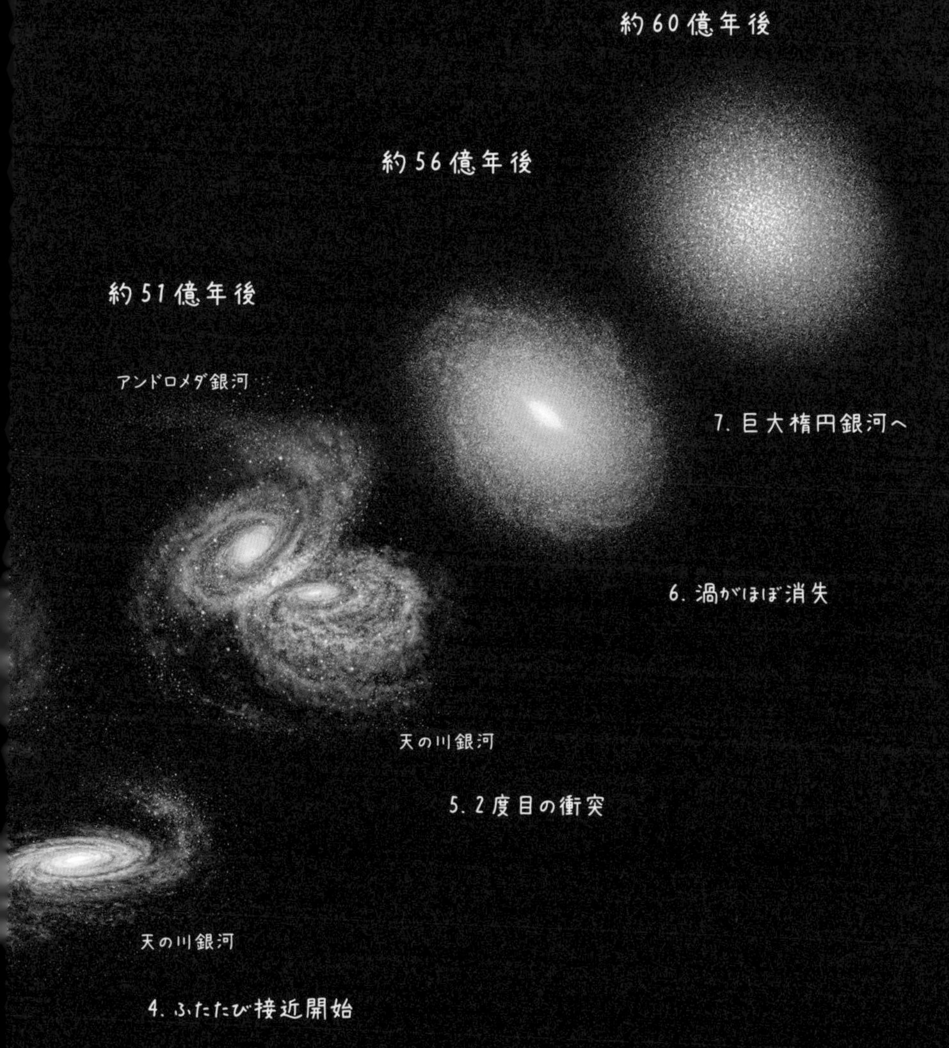

ヒョエエ〜。
最後は大きな一つの銀河になるなんて……。

アンドロメダ銀河と天の川銀河が将来衝突する可能性については，1970年代から何人もの天文学者が指摘していました。しかし，それはあくまでも一つの可能性にすぎず，衝突するたしかな証拠はありませんでした。

それが衝突すると確定したのはどうしてなんですか？

NASAなどの研究グループは，2002〜2010年にかけて，ハッブル宇宙望遠鏡を使ってアンドロメダ銀河をくわしく観測しました。すると，アンドロメダ銀河が天の川銀河に向かって，ほぼまっすぐ近づいていることが判明したのです。また，NASAによると，アンドロメダ銀河がこちらに向かってくる速度は，**秒速109.3キロメートル**で，その誤差は±秒速4.4キロメートルということです。

かなり精密にわかっているんですね。ともかくすごい勢いで接近していることはわかりました。でも，台風の進路みたいに，横にそれていくようなことはないんですか？

いいところに気づきました！
そうなんです。衝突するかどうかを判断するには，**横方向の動き**を知ることが必要です。しかし，この横方向を観測するのが，最も大変だったんです。

そうなんですね。むしろ，横にズレているかどうかを観測するほうが簡単みたいに思えますけど。

意外かもしれませんが，手前や奥の動きにくらべて，横方向への動きを知ることは，とても**困難**なのです。なぜなら，はるか250万光年彼方にあるアンドロメダ銀河は，たとえ横方向に動いていたとしても，距離が遠すぎるため地球からはほとんど動いて見えないからです。

なるほど。

このためNASAをはじめとする研究チームは，ハッブル宇宙望遠鏡を使って，5年～7年半もの時間をかけて，アンドロメダ銀河内の星々がどう動くかを調べました。

そんなに時間がかかったんですか？

はい。アンドロメダ銀河のさらに奥（遠方）にある銀河を基準として，アンドロメダ銀河内の星のわずかな動きを検出しました（次のページのイラスト）。

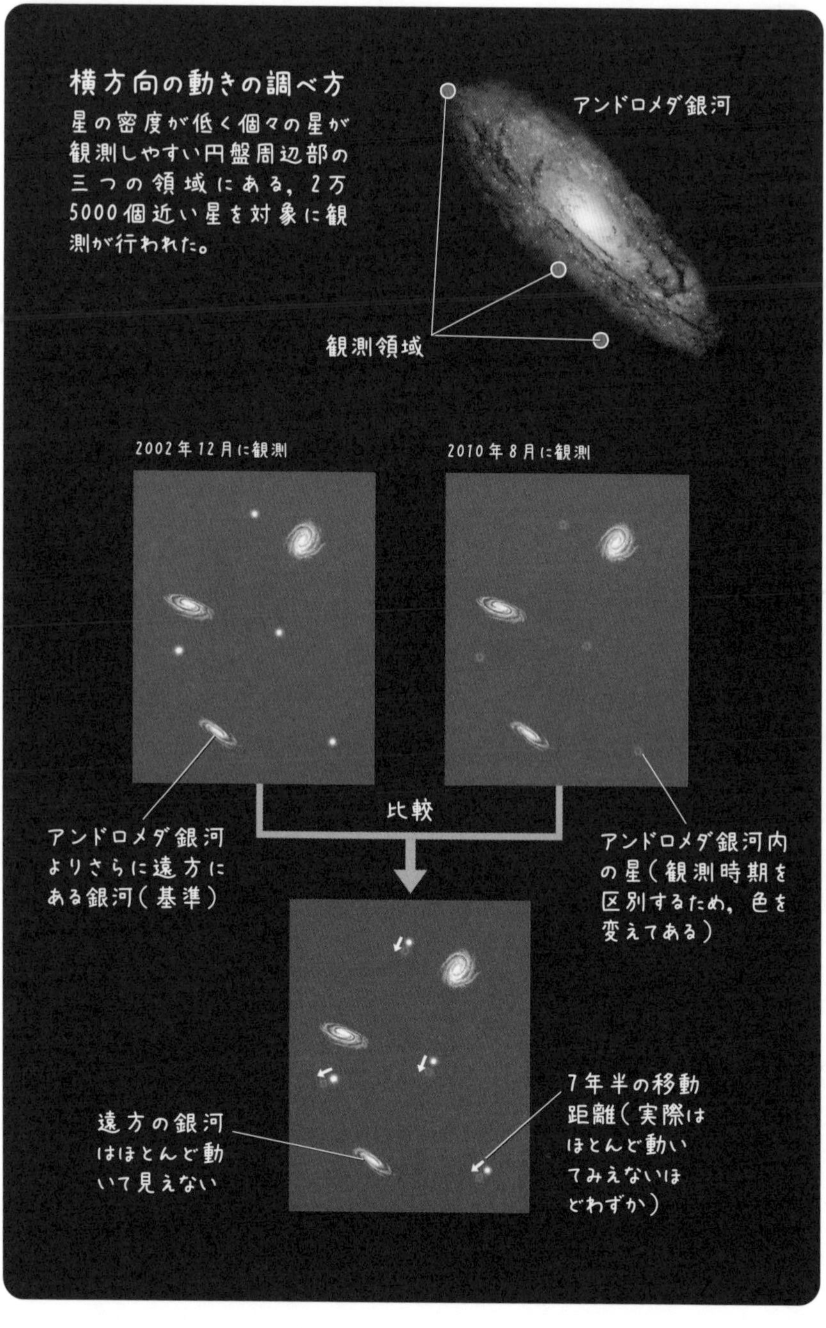
横方向の動きの調べ方
星の密度が低く個々の星が観測しやすい円盤周辺部の三つの領域にある，2万5000個近い星を対象に観測が行われた。
アンドロメダ銀河
観測領域
2002年12月に観測
2010年8月に観測
比較
アンドロメダ銀河よりさらに遠方にある銀河（基準）
アンドロメダ銀河内の星（観測時期を区別するため，色を変えてある）
遠方の銀河はほとんど動いて見えない
7年半の移動距離（実際はほとんど動いてみえないほどわずか）

アンドロメダ銀河内の**2万5000個**近い星の動きが調べられましたが，それぞれの星の動きはごくわずかで，移動していることがほとんどわかりませんでした。
そこで，コンピューターによる画像処理とデータ解析を行った結果，画像の1画素（ピクセル）にも満たないわずかな移動が検出されました。

**1画素未満!?**

ええ。こうして研究グループは，**5年〜7年半**における星の移動距離のデータを大量に集めました。
そして，**統計的な処理を行うことで，アンドロメダ銀河全体としての横方向への移動速度を割りだしたのです。**

ねばり強くデータを集めたんですね。
普通なら，それだけ集めて1画素の移動だったら「動いてない」って判断してしまいそうです。すごい……。

その結果，**アンドロメダ銀河は横方向に，秒速17.0キロメートルの速さで動いていることがわかりました。**
これは手前方向への速度（秒速109.3キロメートル）の約16％の速度です。
研究チームはさらに，アンドロメダ銀河と天の川銀河との間の重力や現在の距離などを考慮し，**「この速度なら両銀河が衝突する可能性は高い」**と結論づけたのです。

地道な研究のおかげですね。
ところで，天の川銀河とアンドロメダ銀河は真正面からぶつかるんですか？

横方向の移動の検出はむずかしいため，視線方向の移動速度にくらべて，その誤差は大きくなります。とくに，大量の星のデータを統計処理したことによる誤差を考えると，横方向に秒速30キロメートルほどで動いている可能性もあるといいます。天の川銀河と衝突するものの，正面衝突になるかどうかの「衝突の角度」は，まだはっきりとはわからないようです。

ところで先生，銀河どうしの衝突ってよくあることなんですか？

そうですね，いくつもの観測で，さまざまな形の銀河が接近し，衝突していることが確認されています。宇宙においては，銀河の衝突はめずらしいことではありません。
また，**地球から遠くにある銀河ほど，衝突している割合が高いということがわかっています。**

そうなんですか？
何か，銀河が衝突しやすいポイントがあるんでしょうか。

ええ。このことは，実はある“**重要なこと**”を物語っているんです。
というのは，遠くにある銀河ほど，そこから地球に光が届くまで時間がかかります。たとえば，10億光年遠くの銀河の光は，10億年前に発せられたものです。そのため，遠方に見える銀河は，それだけ昔（過去）の銀河であることを意味します。ですから，**遠くの銀河どうしの衝突がめずらしくないということはつまり，「昔は今よりも頻繁に銀河が衝突していた」ということになるのです。**

昔は今よりもよく衝突がおきていた？

はい。そして，昔は小さな銀河どうしが頻繁に衝突と合体をくりかえしていたということから，**銀河は，衝突と合体のくりかえしによって大きな銀河へと進化してきたことが導かれるのです。**

なるほど……。

銀河が衝突する頻度を計算すると，100億年ほど前は，実に10％近くの銀河が衝突中だったといいます。
その後，銀河の合体が進むにつれて衝突の頻度は減っていき，現在は**1％**ほどになったといわれています。
なお，宇宙が誕生したのは約138億年前で，130億年ほど前には初期の銀河ができていたと考えられています。

ということは，天の川銀河も，衝突を経て今の形になったわけですか？

そうです。天の川銀河とアンドロメダ銀河も，それぞれ別の銀河との衝突・合体を経て，現在のような姿に進化してきたと推測されています。

へええ〜。どんな銀河と合体してきたんだろう。

残念ながら，過去にどのような銀河と合体してきたのかを正確に知ることはむずかしいですね。
なぜなら，いったん合体してしまうと，合体前の銀河の情報がほとんど残らないからです。

一つになってしまうわけですからね。

しかし，大きな渦巻銀河どうしが衝突すると，渦がなくなって楕円銀河になると考えられています。このことから，逆にいえば，大きな渦巻銀河である天の川銀河もアンドロメダ銀河も，現在までに大規模な合体を経験していないと考えられます。ですから，**いつかおきるこの二つの銀河の衝突は，両銀河にとって，かつてないほどの激しい衝突になるにちがいありません。**

## 銀河が衝突しても星はぶつからない

先ほど，銀河どうしが衝突しても，星どうしがぶつかることはほとんどないとお話ししました。ここで，銀河が衝突をするときの星のようすについて，もう少し具体的に見てみましょう。218〜219ページのイラストは，一般的な渦巻銀河の断面図と，銀河の周辺部および中心部の星の密度を示したものです。

星がすごく密集していますね〜。
だから，星どうしがぶつからないといわれても，どうしても実感がわかないんですよね〜。
絶対，何個かはぶつかりますって！

ハハハ！　ではくわしく見ていきましょう。
銀河内の星は密集していますが，実は星の分布にはむらがあります。イラストのように，星は中心部に密集しており，基本的に外側に行くほど数は少なくなります。

ふむふむ。そうですね。

星が密集する渦巻銀河の中心部では，星と星は**約0.03光年（約2800億キロメートル）**ほどはなれています。これに対して星がまばらな周辺部では，その距離は100倍ほどに広がり，**約3光年（約28兆キロメートル）**もはなれることになります。

た，たしかにめちゃくちゃはなれてますけど……。

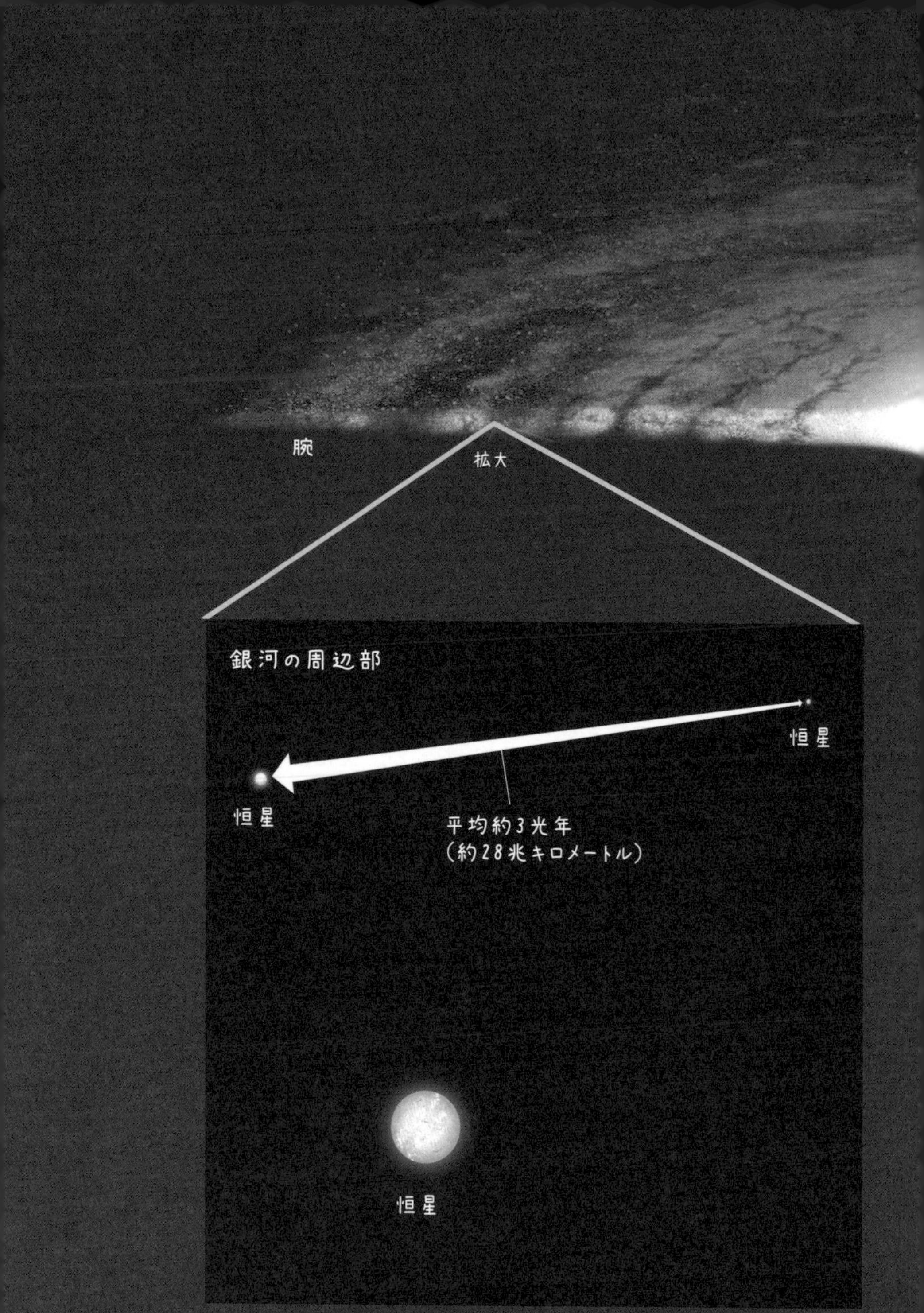
腕
拡大
銀河の周辺部
恒星
恒星
平均約3光年
（約28兆キロメートル）
恒星

渦巻銀河の断面
拡大
バルジ
銀河の中心部
平均約0.03光年
（約2800億キロメートル）

星を**テニスボール**（直径6.6センチメートル）の大きさに換算して考えてみましょう。
星をテニスボールだとすると，星が密集する銀河の中心部であっても，一番近いテニスボールまで**約13.5キロメートル**はなれていることになります。星のまばらな周辺部になると，**約1350キロメートル**です。
これは**青森—鹿児島間**の直線距離に匹敵します。

2個のテニスボールの間の距離が，青森県と鹿児島県の距離か……。
たしかに，ぶつかりそうにありませんね！

そうでしょう？　これだけまばらであれば，銀河が衝突しても，星どうしはまずぶつからないでしょう。

ですね！
でも，銀河内での距離感はそうかもしれませんけど，そこに別の銀河の星々が入ってくるんですよね？
そうだとすると，単純に星の密度が高まって，ぶつかる確率は上がるんじゃないですか？

なるほど。では，その状況を考えてみましょう。
たとえば，1000億個の星が浮かぶ，天の川銀河と同程度の大きさ（直径10万光年）の銀河Aがあるとします。
銀河Aの円盤状の領域を，1個の星が端から端まで通りぬける場合を考えてみましょう。
このとき，この1個の星の通り道に何個の星が存在するかを計算してみます。
いくつくらいあると思いますか？

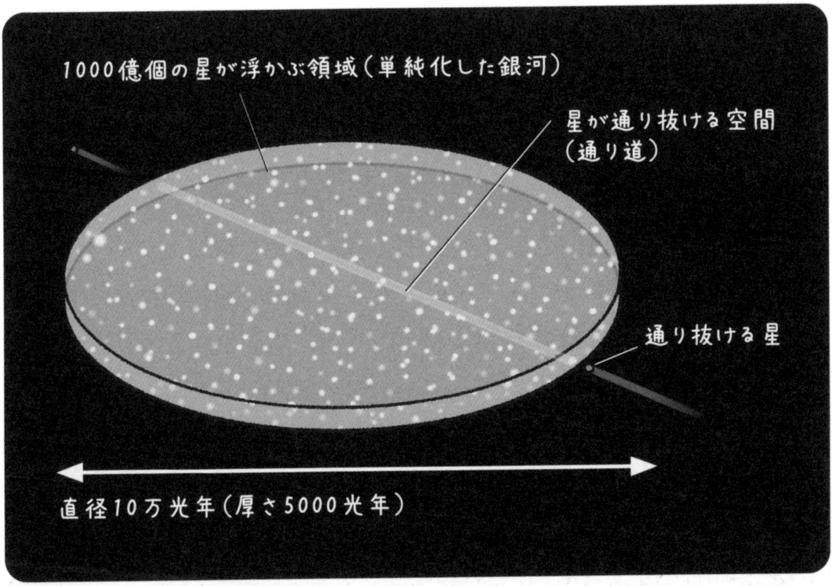




そりゃ，何百個，何千個とあるんじゃないですか？

フフフ。1個の星がこの単純化した銀河を通り抜けるとき，通り道にある星の数は，**0.0000000000043個（$4.3 \times 10^{-12}$：1兆分の4.3個）**になります。

**1兆分の4.3個？** たったそれだけ!?

ええ。通り道に星はほとんどない，つまり**「衝突する確率はきわめて低い」**ということになります。実際は銀河内の星の密度にはむらがありますし，銀河の形や大きさ，星が銀河を横切るときの角度などの条件もあるので，そのままあてはめることはできません。とはいえ，ものすごく低い確率であることはまちがいありません。

ただし，これを1000億回，つまり銀河の星の数だけくりかえすと，全体では星の通り道に**0.43個**の星があることになります。ということは，大きな銀河どうしが正面衝突するような状況では，全体で見ると，星が数個ぶつかることはありうるといえます。

まあ，1000億回くりかえしたうえでの数ですから，これはもう，ほぼほぼぶつかることはなさそうですね。
……先生，あと一ついいですか？
星って**重力**がありますよね。すれちがうときに，おたがいの重力で引き寄せ合って，その結果衝突につながるという可能性はないんですか？

たしかに重力は，引きつけ合う力となります。ところが，銀河が衝突するときは，銀河内の星々は**秒速数百キロメートル**もの速度ですれちがいます。それに対して，距離のはなれた星どうしの場合，たがいに影響をおよぼし，速度を変化させうる重力はきわめて弱いため，星の軌道はほとんど曲がらないといわれています。
つまり，すれちがう星と星が引き合って衝突するとは考えにくいのです。

なるほど。では，天の川銀河がアンドロメダ銀河と激しく衝突しても，地球が粉々になるってことはなさそうですね！　ちょっと安心しました。

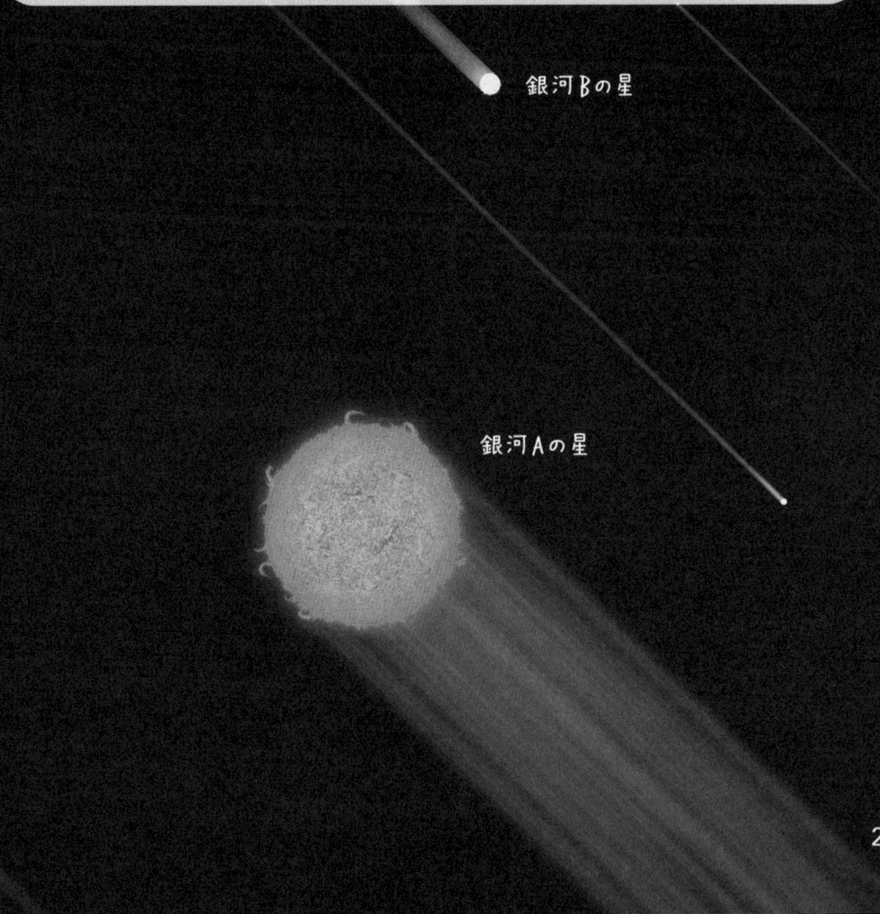

## 膨大な数の星を生む銀河衝突

さて，銀河どうしが衝突しても，おたがいの星はすり抜けていくとお話ししました。しかし，すり抜けられないものもあるのです！

ええっ！　せっかく安心したのに!?

大丈夫，それは**星間ガス**です。銀河には，水素を中心とする気体が薄く広がっており，これを星間ガスといいます。**銀河内の星間ガスの平均的密度は，1立方センチメートルあたり原子（もしくは分子）1個程度です。**

**薄っ！**

とはいえ，星間ガスは場所によって濃淡があり，渦巻銀河の場合，腕の部分に多く存在しています。次のイラストは，二つの渦巻銀河AとBが衝突したときの様子です。星間ガスは真ん中の白い色であらわしていて，濃いほどガスが濃いことをあらわしています。

イラストでは，はじめにガスどうしがぶつかってますね。

そうです。銀河の円盤上に広がる星間ガスは，銀河が衝突するとき，星々とはちがってぶつかります。すると，それによって二つの銀河がもっていた星間ガスが濃縮され，その密度が数万倍にも上昇します。

たしか星間ガスって，**星の原料**になるんでしたよね。

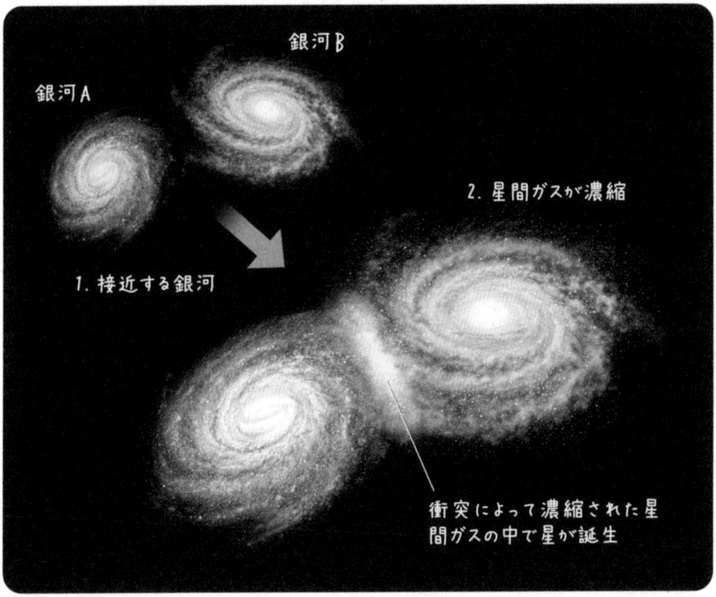

その通りです！　よくおぼえていましたね。星間ガスの密度が一定以上に高まると，ガス自身の重力によってかたまりが収縮をはじめ，小さな“星の種”（原始星）ができます。この原始星は周囲のガスを取り込んでどんどん成長し，やがてみずから光り輝く星，つまり恒星になるのです。

ということは，銀河どうしが衝突すると，ものすごくたくさんの恒星が生まれるんでしょうね。

そうですね。現在の天の川銀河の円盤部では，1年間におよそ太陽質量3個分の星が新たにつくられているといわれています。これに対し，**銀河が衝突すると，1年間に太陽質量に換算して数十〜数百個もの大量の星が生まれると考えられています。**

### 1. 接近する銀河

星間ガス（黄色で表現）は銀河の円盤上に薄く広がっており，とくに腕の部分に多い。

### 2. 星間ガスが濃縮

銀河の接近によって，まずは端のほうにあるガスが衝突し，その密度が上昇する。星の材料である星間ガスが濃くなることで，新たな星の形成が活発におきるようになる。

### 3. ガスと星が銀河に“引っ張られる”

衝突した銀河は，たがいを通り抜けて距離がはなれていく。その際，両銀河が，濃縮されたガスとそこで形成された新たな星たちとともに移動するため，はなれた二つの銀河の間にガスと星の“橋”がかかったようになる。衝突を経た銀河の円盤上には，ガスが濃縮された領域が散在するようになるという。渦のところどころにある濃いガスの中で，星形成が活発におきる。

銀河の衝突って，新しい星を生みだすイベントでもあるわけですか！

その通り！
**銀河が衝突すると，二つの銀河の星の数が足し合わされるだけでなく，星の材料が濃縮されることで新たな星がたくさんつくられるんです。**こうして銀河衝突は，銀河の規模や形を進化させていくのです。

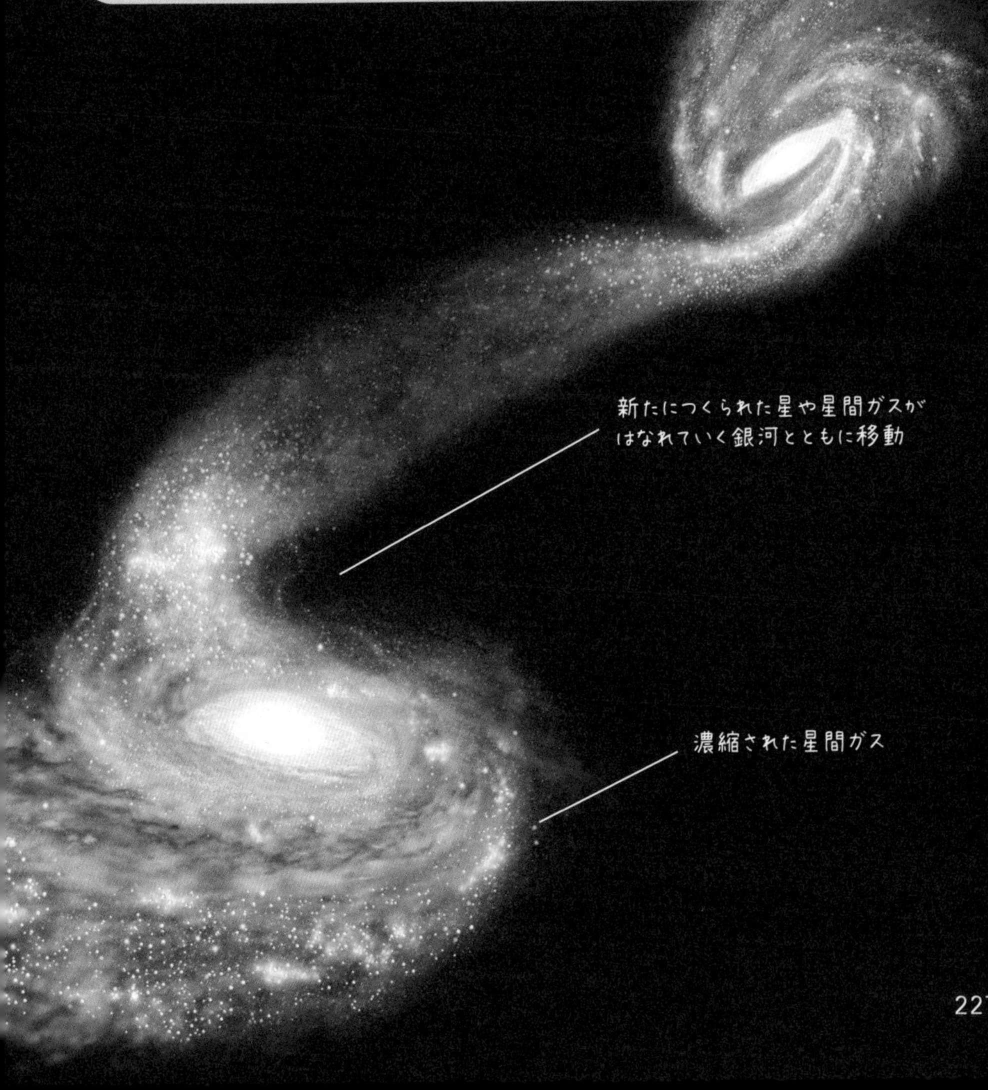

## ダークマターが銀河衝突の黒幕

さて，果てしなく広い宇宙で，銀河と銀河はなぜおたがいに近づき，衝突するのでしょうか？

うーん，やっぱり銀河には，大量の星があるわけですから，非常に大きな重力を持っているからじゃないですかね。

まちがってはいませんが，完全に正解というわけでもありません。実はこの宇宙には，銀河の接近と衝突をうながす“**黒幕**”が存在するのです。

黒幕，ですか。

はい。もう何度か登場しています。銀河を包み込んでいる目には見えない謎の物質**ダークマター**です！

ダークマターか！

星が集まって銀河をつくるように，銀河も集まって「銀河群」や「銀河団」などの集団をつくっているとお話ししました。天の川銀河もアンドロメダ銀河も，局所銀河群という大小50個程度の銀河の集団の一員です。

そうでしたね。

そして，銀河団の中にある銀河を観測すると，銀河団の中の銀河たちは，実はさまざまな方向に動き回っています。

しかも，銀河団から飛びだしてちりぢりになってもおかしくないくらい猛烈なスピードで動いているのです。しかし実際は，銀河たちは銀河団の中でまとまっており，ちりぢりになっていません。何か，おかしくないですか？

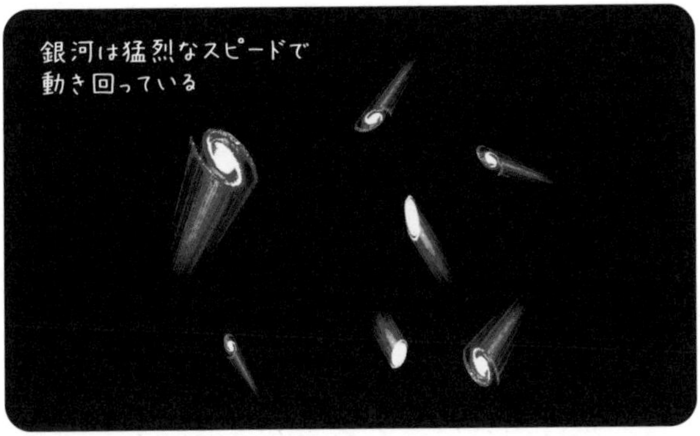


ふむ。それはやっぱり，銀河がおたがいの重力で引き合っているからではないですか？

おっ，鋭い。しかし，この運動のスピードをつなぎ止めるには，銀河そのものの重力では全然足りないのです。
そこで，この運動する銀河たちを一定の範囲内にとどめて集団を維持するには，何か銀河たちを引っ張ってまとめる「力」が存在すると考えるとつじつまが合うのです。

つまりそれが「ダークマター」ではないかと。

そうなんです。
銀河たちを引っ張ってまとめる力は，銀河団全体の重さ（質量）が生みだす重力にほかなりません。

各銀河の動きが速いほど強い力で引っ張る必要があるので，この関係性を使えば，おのおのの銀河の運動速度をもとに，銀河たちをまとめる重力の強さ，つまり「銀河団の質量」を求めることができます。

なるほど。それを使えば，銀河団の質量や重力を知ることができるわけですね？

はい。実際，1933年に，スイスの天文学者**フリッツ・ツビッキー**（1898～1974）は，約3.2億光年先にある**かみのけ座銀河団**の質量を，二つの方法で求めました。
一つは，今説明した各銀河の**運動速度**から求める方法。
もう一つは銀河の**星の明るさ**から求める方法です。
後者は，星は明るいほど質量が大きいという性質を利用したやり方でした。

それで，その結果はどうだったんですか？

実に不思議な結果が出たのです。なんと，**「各銀河の運動速度から求めた銀河団の質量」が，「銀河の星の明るさから求めた銀河団の質量」の400倍も重かったんです。**

400倍～!?　計算ミスのレベルじゃないですね。
どういうことです!?

つまり，銀河たちそのものの質量より，実際の銀河の質量が400倍も重いということです。この質量の不一致はつまり，**「銀河の星の質量（重力）だけでは銀河たちをつなぎとめておけない」**ということを意味します。

ツビッキーはダークマターとはいいませんでしたが，**「銀河団には，私たちが観測できない物質が存在する」**と主張しました。つまり不足分の質量は，**“見えない物質”の質量**だと考えたのです。

“見えない謎の存在”……。
なるほど，何かの存在を予言したわけですね。

さらに1970年代に入ると，“見えない物質”が周囲に重力をおよぼしていると考えないと説明できない天文学的現象がいくつも観測され，多くの研究者がその存在を認めるようになりました。

ほほう，無視できない存在になっていったわけか……。

こうして，この“見えない物質”は，**ダークマター（暗黒物質）**とよばれるようになりました。ツビッキーが予言した“見えない物質”は，ダークマターだったのです。

なるほど。
結局，そのダークマターってどういうものなんですか？

まず，**直接見ることは不可能ですが，質量をもち，周囲に重力をおよぼすことから，間接的にその存在を知ることは可能です。**

たしかに，質量はあるわけですからね。

そのため現在では，ダークマターが宇宙のどこにどのくらい存在するかは明らかになってきました。
ダークマターは，宇宙にあまねく存在しますが，場所によって濃淡があります。
とくに銀河をすっぽりと包み込むように球状にかたまって分布していると考えられています。また，その銀河たちの集合体である銀河団も，全体が広くダークマターにおおわれています。

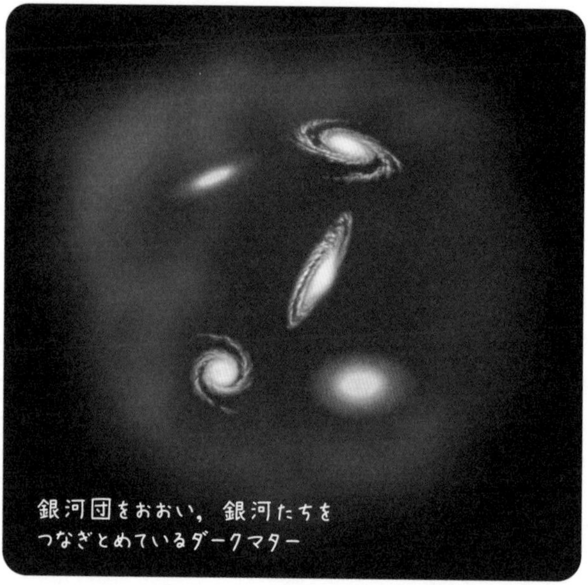

銀河団をおおい，銀河たちを
つなぎとめているダークマター

つまり，そこら中ダークマターだらけということですね。

ええ。ダークマターのかたまりは，銀河の大きさの10倍以上の範囲に広がっており，その質量は，そのダークマターの中心にある銀河の星の合計質量の10倍以上になると考えられています。
**つまり，ダークマターまで含めた全体の銀河の質量を計算すると，目に見える星の質量は，わずか1割にも満たないのです。**

ええ〜!?

銀河団の規模で考えた場合，銀河団の質量のおよそ85％がダークマターによるもので，星の質量は2％ほどしかなく，残りの質量は，銀河団内に広がるガスなどによるものだといわれています。

宇宙って，ほとんどダークマターが占めている感じじゃないですか。

そうなんです。
ですから，**銀河の動きは，銀河を包む圧倒的質量のダークマターの動きに左右されているのです。**
銀河どうしを近づけて集団にするのも，天の川銀河とアンドロメダ銀河を衝突に導くのも，その“黒幕”はダークマターなのです！

## 銀河の主役はダークマターのかたまり「ダークハロー」!?

ダークマターそれ自体は見えません。
ですが，ダークマターは宇宙に普遍的に存在するといわれています。当然，あなたの周囲にも存在しているのです。

ええっ！　私のまわりにもダークマターが!?

はい。
太陽系内のダークマターの密度は，**1立方メートルあたり0.0000000000003（$3.0 \times 10^{-13}$）グラム**程度だといわれています。

えっ，すごく薄いんですね。

ごく薄いように思われるかもしれませんが，これでも宇宙にあるダークマターの平均密度より**1000億倍**ほど高いのです。密度は低いですが，総量はべらぼうに大きく，宇宙全体では，見える物質（普通の物質を構成する原子）の**約5倍**のダークマターが存在するといわれています。

ダークマターの正体って，まったくわかっていないんですか？

ダークマターの性質は明らかになってきましたが，残念ながら正体はいまだに**不明**です。ただ，その候補としては，理論的に予想されている**未発見の素粒子**がいくつかあげられています。

**素粒子とは，自然界の最小単位の粒子のことです。**ここでくわしくは説明しませんが，**ニュートラリーノ**や**アクシオン**といった素粒子が，ダークマターの正体である可能性があるといわれています。といっても，まだ決定的な証拠は見つかっていませんけどね。

ダークマターの正体が不明なのは仕方ないとしても，そもそも，どうして銀河はダークマターに包まれているんですか？

それは，星や銀河が，ダークマターのかたまりである**ダークハロー**の中心付近でつくられたからだと考えられています。1時間目で少しお話ししましたが，**ハロー**とは，銀河を包んでいる広い領域のことをいいます。

そうでした。そのハローには球状星団とか，ダークマターがあるというお話でしたね！

その通りです。
銀河を取り巻くダークハローは，銀河の形成と密接にかかわっています。194ページで星が生まれる過程をお話ししましたが，ここで再び，ダークマターのかたまりの中で，星が生まれる過程を考えてみましょう。次のページのイラストは，その過程をえがいた模式図です。
約138億年前に誕生したばかりの宇宙空間には，ダークマターも普通の物質も，ほぼ一様に分布していたと考えられています。ただし，完全に一様ではなく，ほんのわずかな濃淡のむらがあったようです。

たまたま，でしたね。

そうです。ダークマターがわずかに濃い部分は，周囲よりも重力がわずかに強くなり，まわりの物質がそこに引き寄せられていきます。こうして，ダークマターがわずかに濃かった部分には物質が集まっていくことになります。ダークマターの集合が進むと，かたまり，つまり**ダークハロー**ができてきます。
そして小さくて軽いダークハローどうしが合体し，大きくて重いダークハローへと成長していきます。
**ダークハローの中には，水素などの物質が，高温の希薄なガスとして，全体に広がっていたと考えられています。**

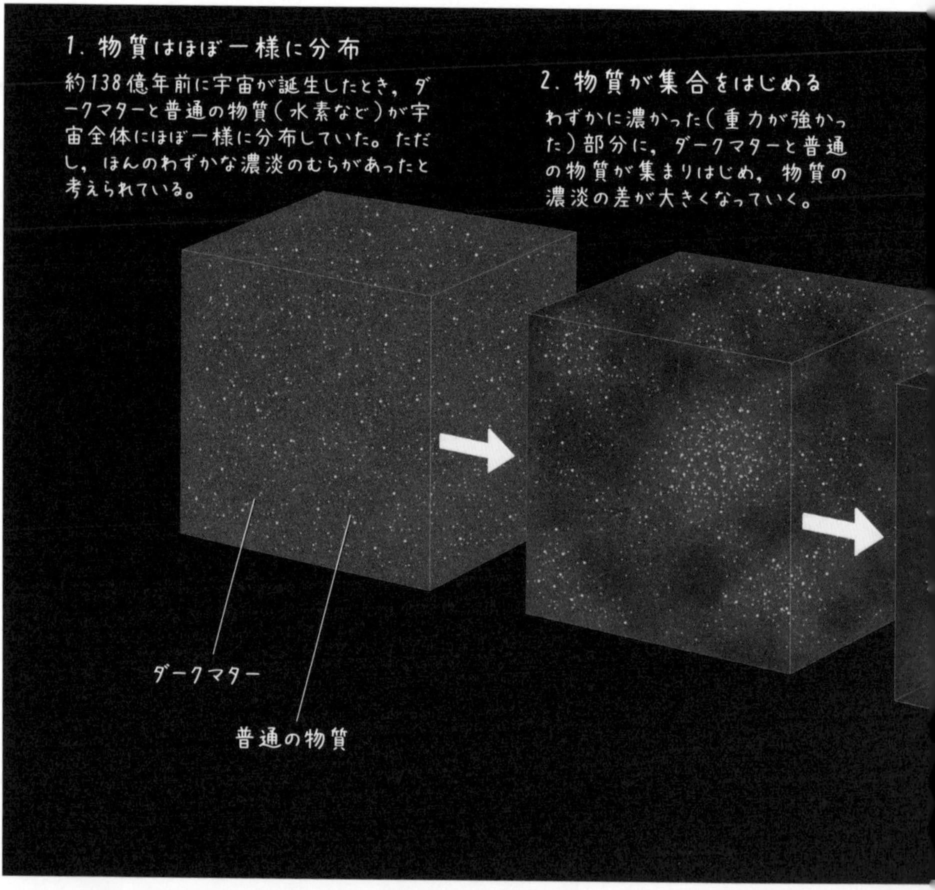

ダークハローの中に広がっていた高温のガスは，周囲にエネルギー（電磁波）を放出し，少しずつ冷えていきます。こうしてガスが冷えると，ダークハローの中心付近にガスが集まっていき，これが星をつくる材料となったのです。こうしてダークハロー中心部にできた濃いガス雲の中で，最初の星が誕生しました。

こうして見ると，ダークハローが“星のゆりかご“のようですね。

そうですね。

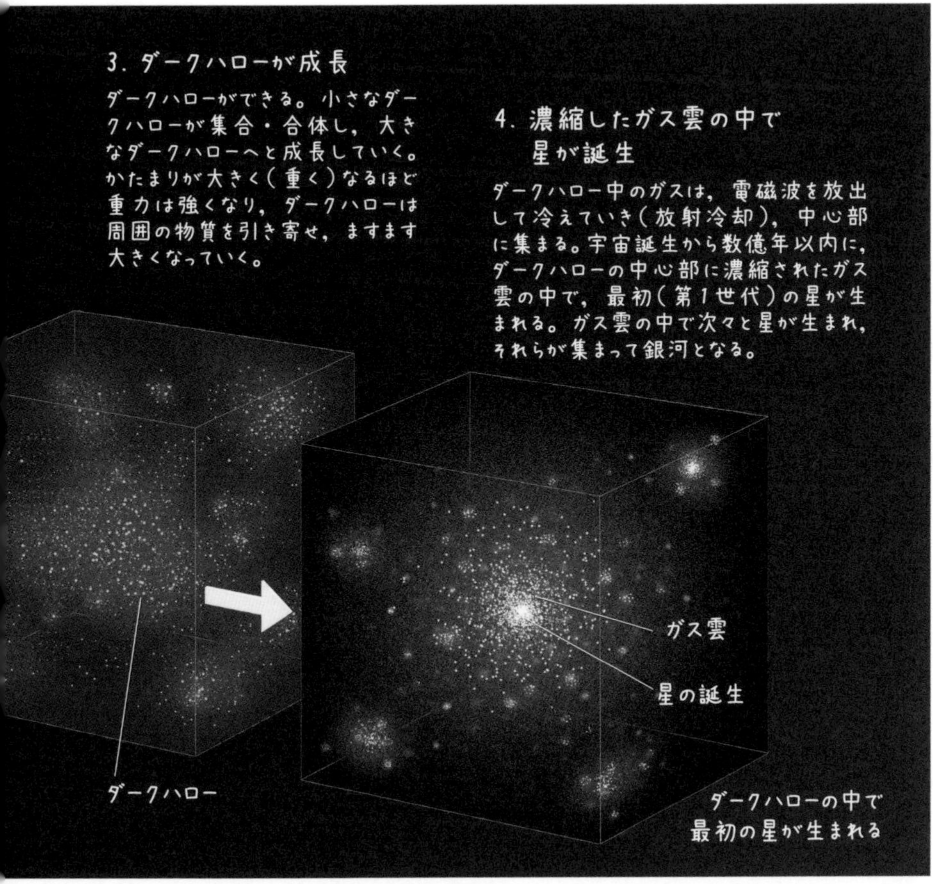

このシミュレーションによれば，**もしダークマターが宇宙に存在しなかったら，星の形成に十分な量の物質が集まるまでに，もっと時間がかかっただろうと考えられています。**
宇宙誕生から138億年で，さまざまな銀河が存在する“にぎやか”な宇宙ができあがったのは，ダークマターがあったからともいえるでしょう。

そう考えると，私たちが今こうして今，存在しているのも，ダークマターのおかげなのかもしれませんね。

## 私たちの銀河はすでに衝突中なのかもしれない

このように，銀河と，それを包むダークマターのかたまり（ダークハロー）は，切っても切れない一心同体の関係です。**ダークハローの質量は，目に見える星の質量の10倍以上，周囲におよぼす重力も10倍以上です。**

こうなってくると，銀河の主役って，むしろ見えないダークハローのような気がしてきました。

銀河の動きは，それを包む10倍以上も重いダークハローの動きに左右されますから，そうともいえますね。銀河が衝突するのも，ダークハローのしわざで，天の川銀河とアンドロメダ銀河の接近・衝突も，この二つの銀河を包んでいるダークハローが接近・衝突しているからにほかならないのです。

むしろ，「銀河の衝突」ではなくて，本当は「ダークハローの衝突」というのが正しいんじゃないでしょうか？

天の川銀河とアンドロメダ銀河の接近と衝突を，あらためて両銀河を包むダークハローとともにえがいたのが，次のページのイラストです。

天の川銀河もアンドロメダ銀河も，ものすごく小さ！

銀河の大きさ（質量）とダークハローの大きさ（質量）は，基本的に比例すると考えられています。

つまり，大きい（重い）銀河ほど，大きな（重い）ダークハローに包まれているということになります。

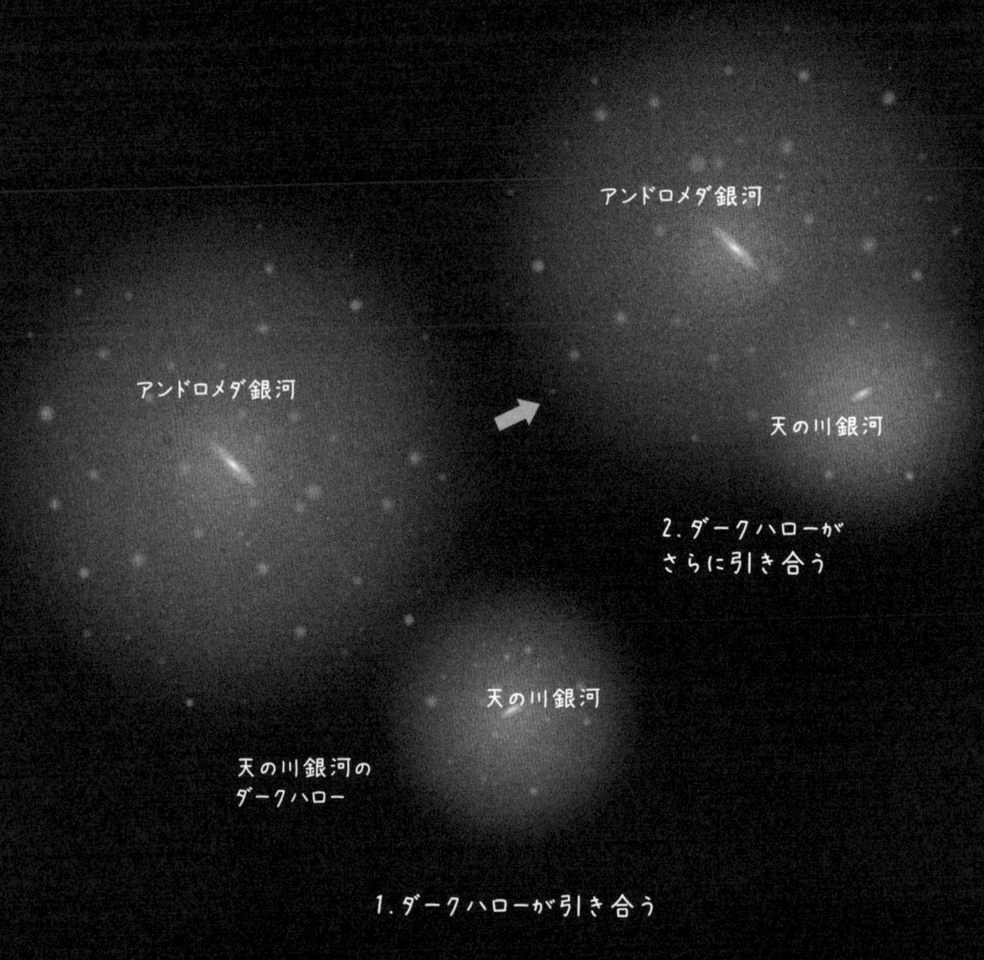

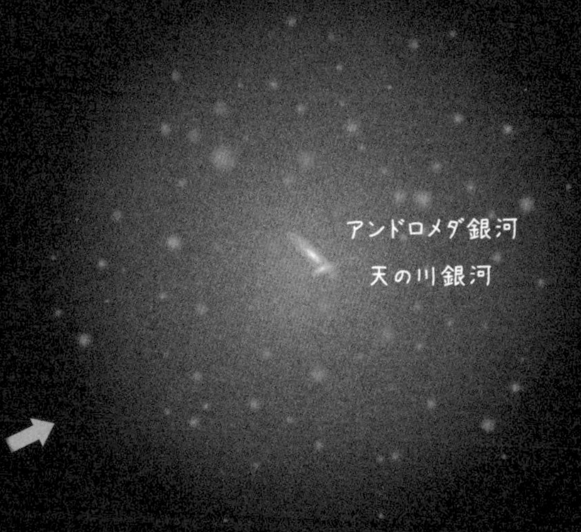


3.“目に見える銀河”の衝突

だからアンドロメダ銀河のダークハローよりも，天の川銀河のダークハローの方が小さく描かれているんですね。

「銀河」をダークハローも含めて考えるとしたら，**実は天の川銀河とアンドロメダ銀河は，すでに端のほうでは衝突がはじまっているのかもしれないのです。**

40億年後といわれていましたよね!?
もうすでに衝突ははじまっているなんて，不思議です……。
ダークハローどうしが衝突したらどうなるんですか？

ダークマターどうしは，たがいにぶつからずにすり抜けると考えられています。そもそもダークマターは普通の物質ともぶつかりません。ダークマターが周囲の物質におよぼす影響は，重力だけだと考えられているのです。
**銀河は衝突と合体をくりかえして，成長していくわけですが，銀河の成長とは，その“黒幕”であるダークハローが合体し，成長していくことにほかなりません。**

なるほど。

ただし，ダークハローどうしが合体したとき，その内部の銀河どうしも必ず衝突するとはかぎりません。合体して大きくなったダークハローの中で，衝突しなかったいくつもの銀河が近い距離で共存することもあり，そうしてできた銀河の集団こそが，「銀河群」や「銀河団」なのだと考えられているのです。

## 遠い将来，銀河は一つにまとまっていく

先生，銀河どうしが衝突して合体するというなら，結局，宇宙にあるすべての銀河が合体して，たった一つの大銀河になるわけですか？

必ずしもそうはならないようです。
たしかに，天の川銀河とアンドロメダ銀河が数十億年後に衝突して楕円銀河になるように，銀河群や銀河団という集団の中で共存している銀河たちも，いずれは衝突・合体し，将来的に巨大な楕円銀河にまとまっていく可能性が指摘されています。

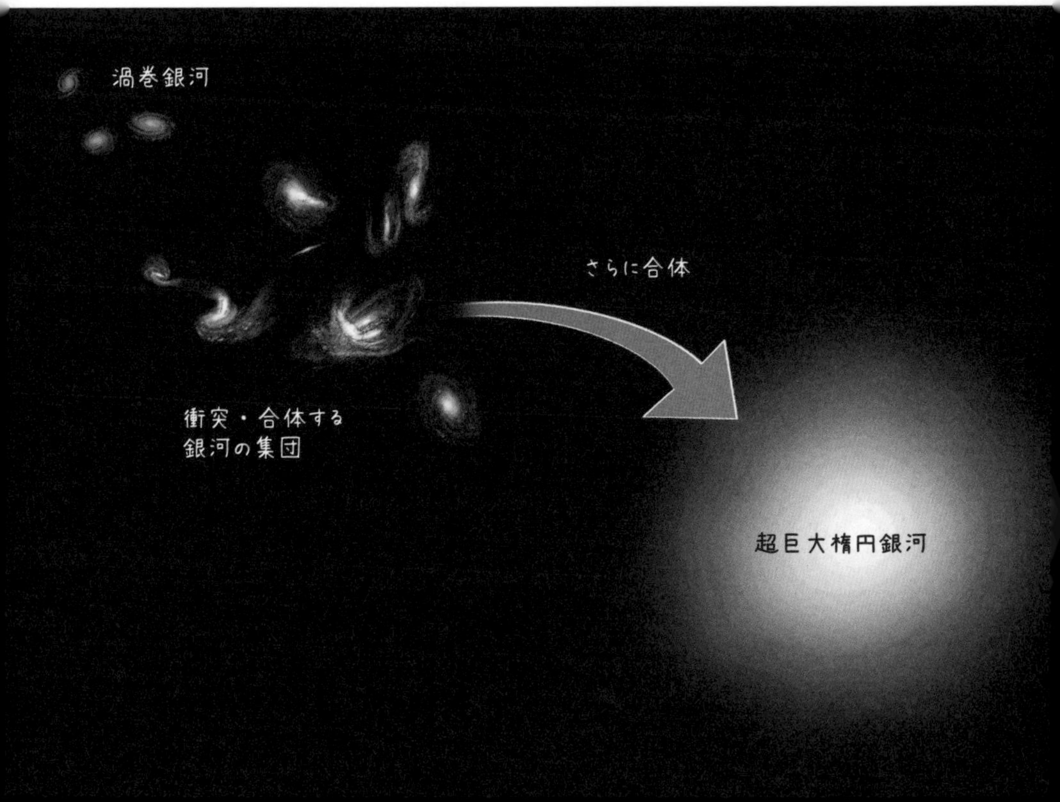

可能性はあるんですね。

ええ。銀河群や銀河団の中にある銀河はまとまっていきます。しかし，宇宙にあるすべての銀河が一つにまとまるのは考えにくいとされているのです。
なぜなら，宇宙は**膨張**しているからです。

宇宙が膨張している？

はい。遠くの方の銀河を観測すると，遠くであればあるほど，より速い速度で天の川銀河から遠ざかっています。これは宇宙空間が膨張しているためだと考えられていて，その膨張する速度は，時間がたつにつれ，どんどん速くなっているといいます（加速膨張）。

加速している？

はい。何らかの未知のエネルギーが加速膨張させていると考えられているのですが，その正体はいまだにわかっていません。このため，この未知のエネルギーは**ダークエネルギー（暗黒エネルギー）**とよばれています。

またまた“ダーク”ですか。やはり宇宙には謎が多いですね。

その通りです。宇宙が膨張しているのに，銀河群や銀河団がまとまっている理由は，銀河群や銀河団の範囲では，銀河をまとめようとする力（ダークマターなどの重力）が，宇宙を加速膨張させるエネルギーよりもまさっているからです。

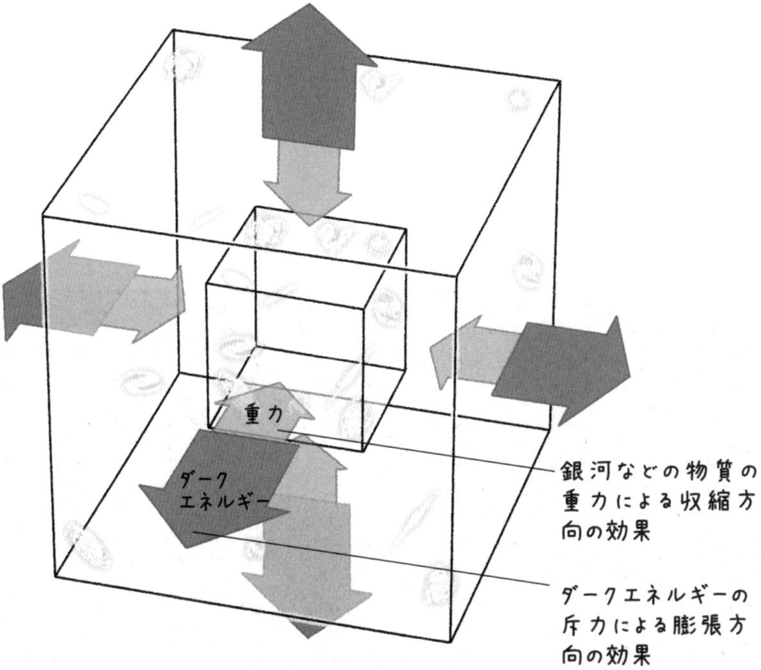

銀河団をこえるような大きな範囲になると，加速膨張の効果のほうが上まわり，その結果，遠方の銀河との距離はどんどん広がっていくのです。

ダークマターとダークエネルギーの戦いみたいですね。

1000億年以上先の宇宙では，**「銀河をまとめようとする力（ダークマター）」**と**「宇宙を加速膨張させようとするエネルギー（ダークエネルギー）」**との力関係により，巨大な楕円銀河が広大な宇宙にぽつぽつと存在するような，“さびしい”宇宙ができあがると考えられています。

うわぁ……，すっごく，さびしい宇宙ですね。

つまり，宇宙のいたるところでおきてきた銀河衝突は，次第におきなくなります。このイラストのような“さびしい”宇宙は，銀河衝突の終着点だといえるでしょう。

巨大楕円銀河
（銀河群や銀河団の銀河が
合体したもの）
ダークハロー

STEP 2

# 無数の銀河がつくる大規模構造

**広い視野で見ると，この宇宙は銀河によって形成された「宇宙の大規模構造」によってかたちづくられています。宇宙の大規模構造はどのようにして生まれたのか，その謎にせまります。**

## 宇宙は，銀河でできた泡で満たされている

これまで，銀河群や銀河団のレベルを中心にお話ししました。最後に，それよりもさらに大きな視点で銀河を見てみましょう。

星が集まって銀河になり，銀河が集まって銀河群や銀河団になって，もっと大きなのが超銀河団で……。それよりさらに大きな銀河の集まりがあるのですか？

はい。3時間目で少し触れましたが，銀河は銀河群や銀河団をつくり，さらに大きな超銀河団にまとまっていきます。一方で，銀河が集まっていない**ボイド**といわれる“空洞”部分があります。実は銀河は，そのボイドを囲むように分布しているのです。

あっ！　「宇宙の大規模構造」ですね！

その通りです！

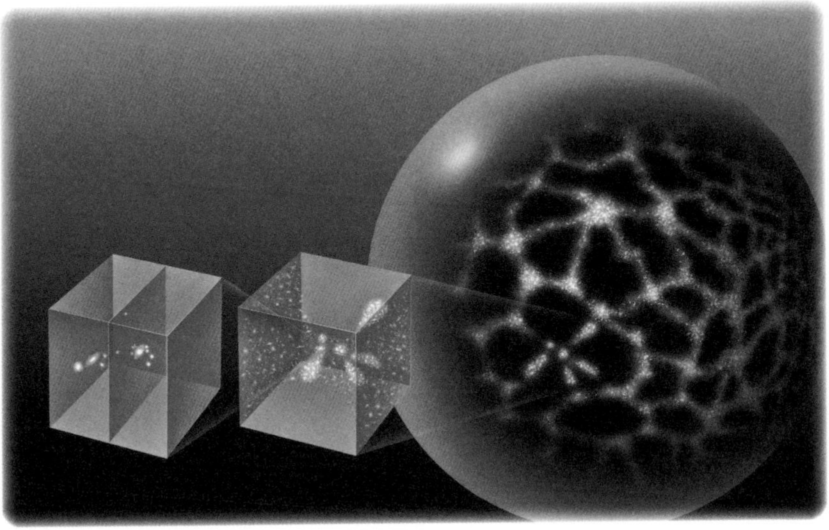

銀河がボイドを囲んで分布している様子はまるで大きな“**泡**”のようです。泡の膜にあたる部分に，無数の銀河が集まっているわけですね。
宇宙は無数の巨大な“泡”で満たされていて，これが**宇宙の大規模構造**(large-scale structure of the universe)，といわれているものです。
ここでは，銀河がつくっているこの宇宙の大規模構造についてお話ししたいと思います。

いよいよ，この宇宙の核心にせまっていくわけですね！

はい。ではあらためて，まず“泡”(ボイド)について見てみましょう。泡の内部にあたる部分には銀河はほとんどありません。おさらいになりますが，一つの泡の大きさは，**直径1億光年**ほどもあります。

直径1億光年……。
天の川銀河の直径が10万光年ですから……ちょっと，スケールの感覚がおかしくなってきました。

そうですよね。せっけんの泡を思い浮かべてみてください。空気が入って玉のようになった泡が無数にくっつき合っている感じですね。宇宙空間は，銀河がつくるそんな泡の構造が，見渡す限りどこまでもつづいていると考えられています。

見渡す限り，どこまでも……。

はい。そして，一つ一つの泡の直径は1億光年ほどもあり，私たちの住む天の川銀河（銀河系）も，その無数の泡の中の一つの，泡の膜部分に存在しているにすぎないのです。

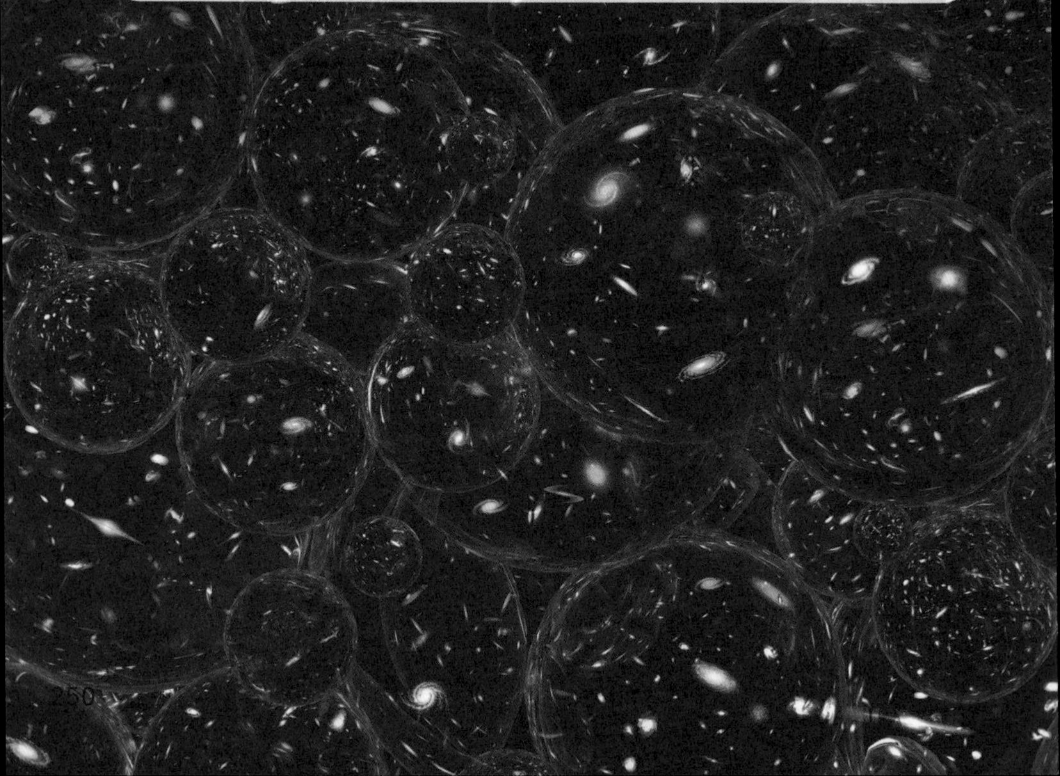

## 宇宙は巨大な“泡”で満ちている！

銀河が泡構造のどの部分にあるかをわかりやすくえがいた。大陸が地球の表面にあるように，銀河は泡の表面に分布している。一方，泡の内側には，ほとんど銀河がない。こうした泡がたくさん集まり，くっついて泡構造ができる。

もはや「広い」という概念が意味をなさないですね。
気が遠くなりそうです。

そうですよね。
“泡の膜”には銀河が集まり，さらに泡どうしが接する部分は銀河の密度が濃くなります。このような部分が，「銀河団」とよばれたり，もっと大きな場合は「超銀河団」とよばれます。それよりさらに大きな場合は**超銀河団複合体**とよばれたりします。

いくつかの泡が連なった，その境界部分のところですね。

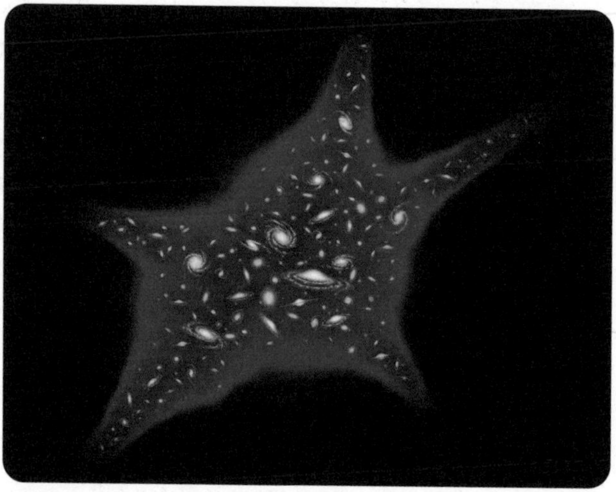

そうです。この，泡が接して銀河が濃くなった部分が，細長く帯状に連なって網目模様をつくる**フィラメント（糸状）**の構造と，銀河がほぼ同一平面上に並ぶ**シート（面状）**の構造とに分類されています。

構造のちがいもあるんですね。

はい。これらの構造の中には，非常に巨大で目立つものも発見されています。
180ページで少しご紹介した**グレートウォール**は，現在発見されている中では最も大きな構造で，約5億光年もの距離にわたって銀河が連なっています。銀河が長く連なるこの構造は巨大な壁のように見えることから，中国の**万里の長城（great wall of China）**にちなんで名付けられたんですよ。

なるほど。

天の川銀河は直径10万光年ほどで，それでも十分に大きいですが，泡構造は典型的なものはさしわたし1億光年ほどと，約1000倍もの大きさです。その大きさを考えると，グレートウォールがいかに巨大かがわかるでしょう。
グレートウォールはこれまで数個しか見つかっていませんが，10億光年に達するものも知られているんですよ。

10億光年ですか……。「スティックマン」というのもありましたが，あれはフィラメント構造が人の形のように見えたというわけなんですね。

その通りです。
このように，宇宙には，無数の銀河が包む“泡”がいくつも重なり合ってできた大規模構造がどこまでもつづいているのです。

……天の川銀河の中では，太陽が点のように感じられました。今や天の川銀河が点のように感じられます。

**無数の銀河が“泡”構造をつくっている**

観測を元にしてつくられた銀河の立体地図やコンピューターシミュレーションを参考に，大規模構造をえがいている（銀河の大きさは誇張している）。

銀河がつくる泡構造が何重にも重なっている。銀河が少ない「ボイド」の奥にも泡構造がある。ただし，遠い銀河ほど暗く見えている。大規模構造は，小さな穴が多数あいたスポンジのような構造だともいえる。

## 1980年代，銀河のネットワークが発見された

大規模構造が発見される前は，銀河が宇宙空間にどのような規則にしたがって散らばっているか，まったくわかっていませんでした。

そうでしょうね。
望遠鏡で夜空を見ても，銀河は星々の中にぼんやりした広がりをもった光にしか見えませんから。

そうです。望遠鏡で見える星々は，私たちの天の川銀河の中の星で，ぼんやりと広がった光は，天の川銀河から遠くはなれているほかの銀河です。
銀河は夜空のどの方向を見ても存在していて，その位置には規則性がないように見えます。
つまり，単に夜空に望遠鏡を向けるだけでは，その銀河までの**距離**はわかりません。ですから，立体的に銀河がどのように分布しているかはわからなかったんです。
銀河が天の川銀河の外に無数に存在しているとわかったのは1924年のことで，これはそれまでの天文学を書きかえる**大発見**となりました。

そうでした。ハッブルが，天の川銀河の中のものではなく，その外にたくさんの銀河があることを発見したのですよね。

そうです。そして1980年代末に，宇宙にとても不思議な構造が見つかりました。銀河が集まって，人の形のようなネットワークをつくっていたのです。

「スティックマン」ですよね！

そうです。それまで，銀河が宇宙にどのように散らばっているかわかっていなかったのですが，**70年代後半から，銀河までの距離を一つ一つ地道にはかる研究がはじまると，銀河はかたよって宇宙に存在していることがわかってきたのです。**そしてこれも，当時の天文学の常識をくつがえす**大発見**でした。

宇宙は無秩序じゃない，というわけですね。

当時の研究者たちは，いったいどんな力がはたらいてこのような構造ができたのだろうといろいろ考えました。その後，たくさんの観測にも支えられて，宇宙の構造ができあがるまでの**歴史**が明らかになってきたのです。

天の川銀河
約1000億～数千億個の星からなる。
夜空に見える星は，天の川銀河内の星だ。

## もし銀河が宇宙空間に不規則に分布していたら?

銀河が宇宙空間に不規則に分布している場合の宇宙をえがいた。大規模構造が発見されるまで，銀河が宇宙空間にどのように分布しているかはわかっていなかった。

宇宙の構造を発見したのが，180ページでご紹介したアメリカの天文学者**マーガレット・ゲラー**と**ジョン・ハクラ**です。彼らは「分光観測」という観測方法を使ったとお話ししましたが，これは銀河の距離をはかるための特殊な方法で，とても時間がかかるんです。
しかし，彼らは観測を重ね，1989年に「グレートウォール」を発見し，宇宙には，銀河が少ない領域，「ボイド」が存在することがわかったのです。

地道な観測のおかげで，銀河が宇宙空間にどのように分布しているかが明らかにされたんですね。それにしても，天体観測というのは根気のいる仕事なんですね。

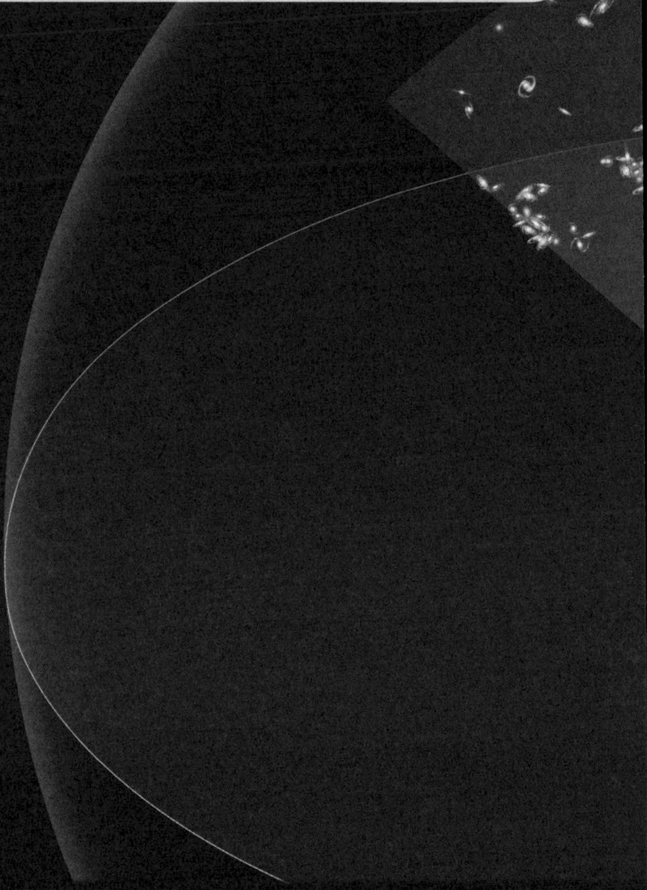

## 宇宙の大規模構造を発見！

「Cfaサーベイ」によってつくられた「銀河の地図」を元にしてえがいたイラスト。銀河の形や大きさは実際のものとはことなる。なお「Cfa」は，ゲラーとハクラが所属するハーバード・スミソニアン天体物理学センターの略称。

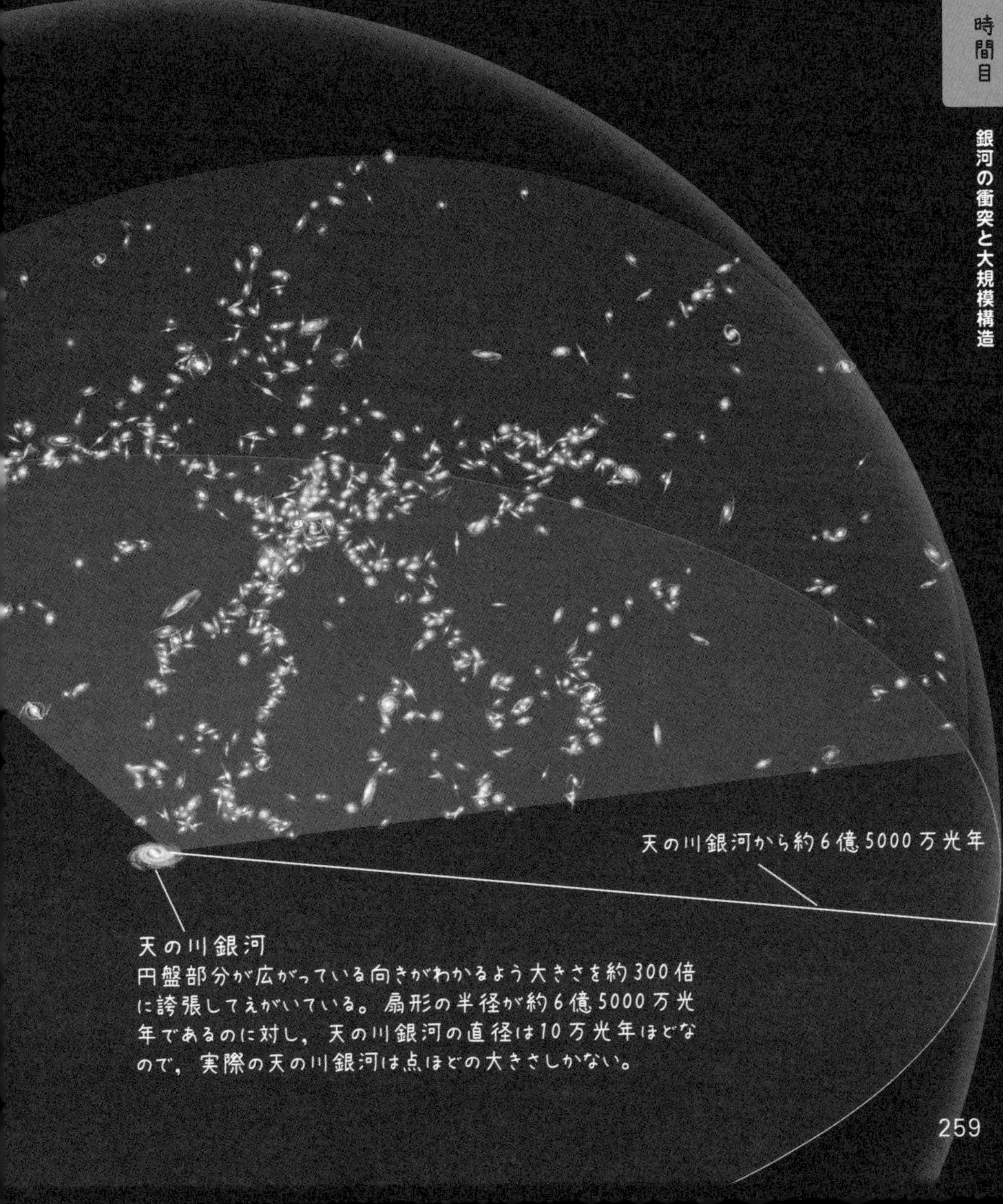


天の川銀河
円盤部分が広がっている向きがわかるよう大きさを約300倍に誇張してえがいている。扇形の半径が約6億5000万光年であるのに対し，天の川銀河の直径は10万光年ほどなので，実際の天の川銀河は点ほどの大きさしかない。

さらに広範囲の観測が進められると，1989年に見つかったグレートウォールは，より大きな構造の一部であることがわかってきました。
つまり，先ほどお話ししたように，**見渡す限り，大規模構造がどこまでも，どこまでも続いていたのです。**

気づいたときは衝撃だったでしょうね……。それがわかったのは，さらに観測技術が発達したからですか。

そうです。次の図は2000年代にはじまった**SDSS**（スローン・デジタル・スカイ・サーベイ）という天文観測プロジェクトで得られた**「銀河の地図」**です。画像の明るい点は，銀河の位置をあらわしています。
SDSSは，地球の夜空の**約25％**を観測し，1億個以上の天体の明るさや位置を観測しました。
そして，100万個以上の銀河や**クェーサー**までの距離をはかることで，宇宙の大規模構造を可視化したのです。

「クェーサー」って何ですか？

クェーサーは，遠方の点のように見える明るい天体のことです。しかし，その本体は巨大なブラックホールだと考えられています。

本体が，ブラックホール!?

SDSSの観測結果をもとにつくられた銀河の立体地図。

この地図は，奥行方向にも銀河の点があるので，泡が重なって，泡の形がわかりにくくなっている。

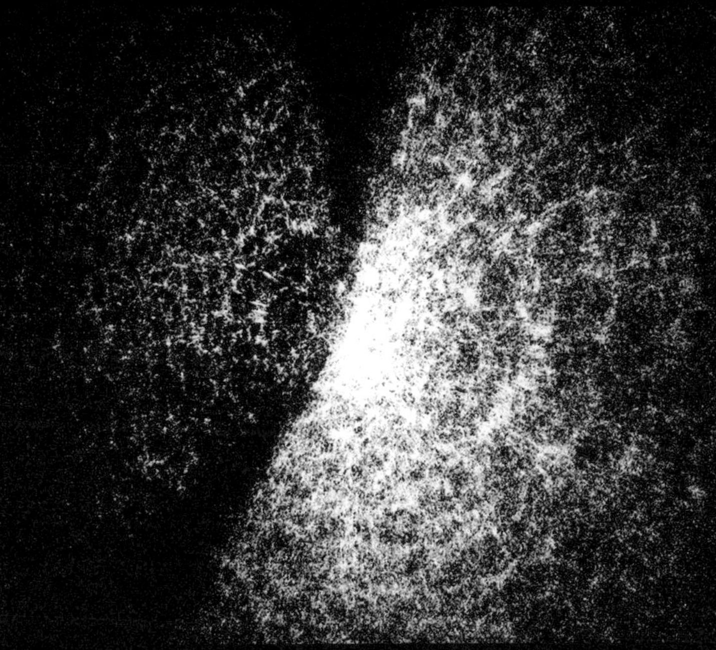

## 宇宙のはるか遠くにある大規模構造の種

大規模構造が見つかったとき，多くの科学者が**「誕生したばかりの宇宙に大規模構造の種があったはずだ」と考えました。**

なぜそう思ったんですか？

宇宙のはるか遠くを見れば，今でも初期宇宙のようすを実際に観測できます。なぜなら，光が届くのに時間がかかるからです。たとえば，地球から約1億5000万キロメートルはなれている太陽の光は約8分かけて地球に届きます。

**つまり地球から見ている太陽は，つねに約8分前の太陽の姿なわけです。同様に，約250万光年はなれたアンドロメダ銀河なら，約250万年前の姿が見えていることになります。**

なるほど。

遠くの宇宙を見ることはつまり，昔の宇宙を見ることになるのか～。

宇宙は約138億年前に生まれたと考えられていますが，それは138億光年先の光を観測できるからです。つまり私たちは，138億年かけて地球にとどいた初期宇宙の光を見ることができるのです。

138億年前の光なんて，見えるんですか？

もちろん可視光ではありません。初期宇宙の光は**マイクロ波**（電磁波）としてとどくので，**宇宙マイクロ波背景放射**とよばれています。

目には見えないわけですね。

そうです。この宇宙マイクロ波背景放射そのものは，1965年にすでに発見されていました。しかし，多くの研究者が探しても，そこには“大規模構造の種”らしきものは見えなかったのです。

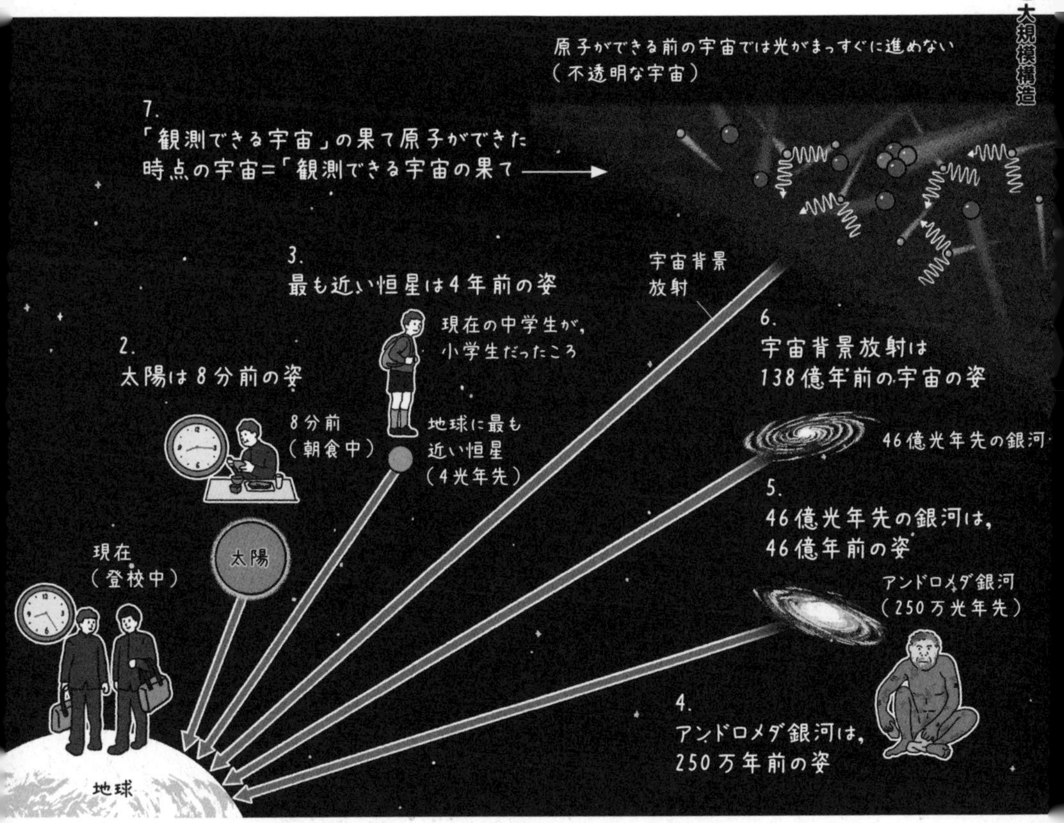

ええと，宇宙マイクロ波背景放射を見つけたということは，誕生当時の宇宙の姿が見えるわけで，そこには大規模構造に成長していくような何らかの種があるはずなのに，それらしきものは何もなかった，と。
種というのは，何かむらのようなものですかね？

そうです。当時，これは大きな謎でした。
しかし1992年，高い観測精度をもつ衛星COBE《コービー》によって，宇宙マイクロ波背景放射のわずかな**濃淡**がついに見つかったのです。**それは「初期宇宙の物質の密度の濃淡」で，これこそが「大規模構造の種」だと考えられたのです。**

むらがあったんですね！

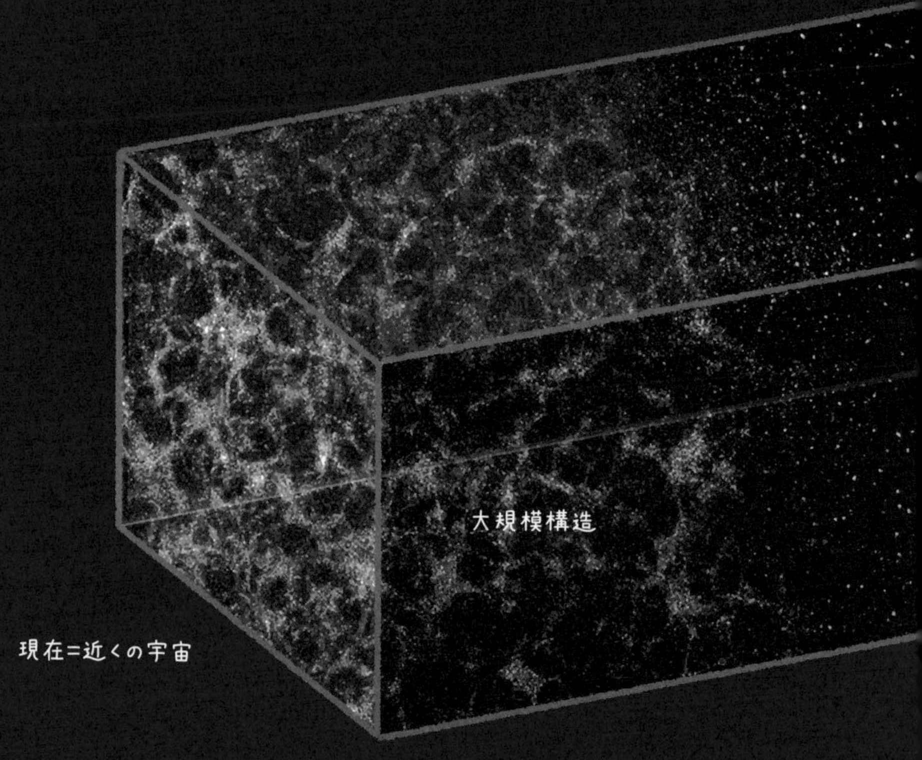

はい。そして，COBE衛星の観測データから，全天（初期宇宙）の温度分布の画像がつくられました。その画像があらわす初期宇宙の温度分布は，宇宙が火の玉のような状態からはじまったとする**ビッグバン理論**の予測とぴったり一致していたのです。
それ以降も，2003年には**WMAP衛星**が，2013年には**Planck衛星**が観測を行っています。

ビッグバン理論，ですか。

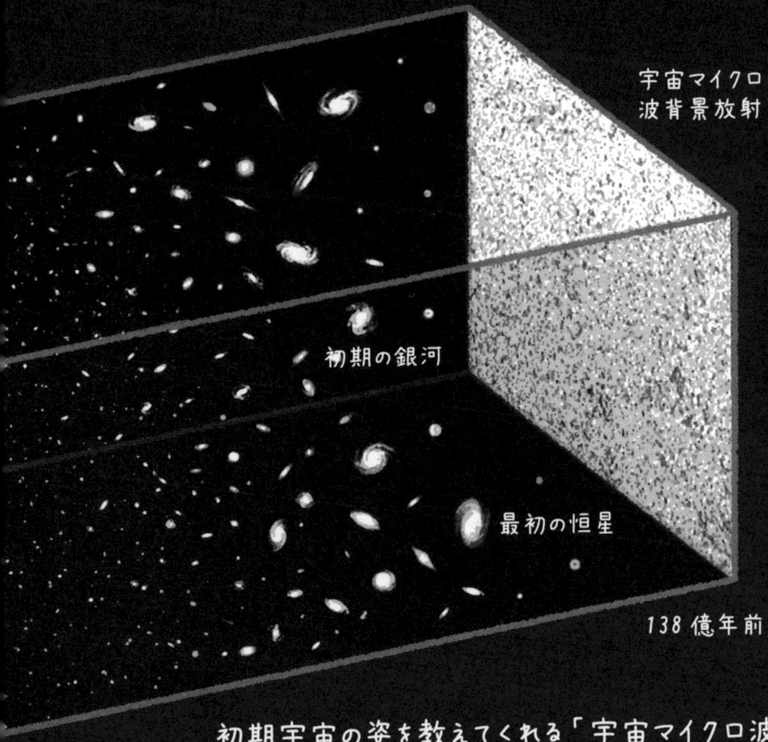


初期宇宙の姿を教えてくれる「宇宙マイクロ波背景放射」
イラストは，遠く（右）を見るほど昔の宇宙を見ることができることをあらわしている。

はい。**「宇宙は灼熱状態から生まれた」**という現代の宇宙論です。正確にはわかっていませんが，そのときの宇宙はおよそ1センチメートルほどの大きさで，温度は1兆度以上はあったのではないかと考えられています。

ひゃあ～！　その理論が正しいことが，実際の画像で証明されたわけですね。

## かすかな物質のむらが大規模構造に成長した

先生，宇宙の大規模構造が，最初は小さな“種”だったなんて，壮大すぎて信じられませんよ……。

そうですよね。ここから，宇宙の大規模構造がどのようにできていったのかについて見ていきましょう。
やはり，はじまりは物質のむらです。

ふうむ。やはりむらですか。

宇宙がはじまったころは，星も銀河もなく，宇宙全体に熱いガスが満ちた**火の玉状態**だったと考えられています。また，宇宙の物質の密度は，現在の宇宙とはちがって非常に均一で，宇宙誕生から約37万年後では，濃いところと薄いところでは0.01％ほどのちがいしかなかったことがわかっています。

ほぼほぼ均一だったわけなんですね。
たしかに，何も生まれようがない状態ですね。

はい。時間がたつにつれて，このわずかな密度の差がだんだん大きくなっていきます。密度がわずかに高い領域は，わずかとはいえ，物質どうしにはたらく重力が周囲より大きいので，周囲の物質を引きつけます。逆に，密度がわずかに低い領域はさらに希薄になります。こうして**わずかな密度の差が成長していき，大きなボイドと，銀河や銀河団ができ，最終的に大規模構造がつくられたと考えられています。**

宇宙マイクロ波背景放射の観測によって初期宇宙の状態が明らかになったおかげで，現在の大規模構造ができる過程をシミュレーションで再現できるようになったんですよ。

すごいですねえ！

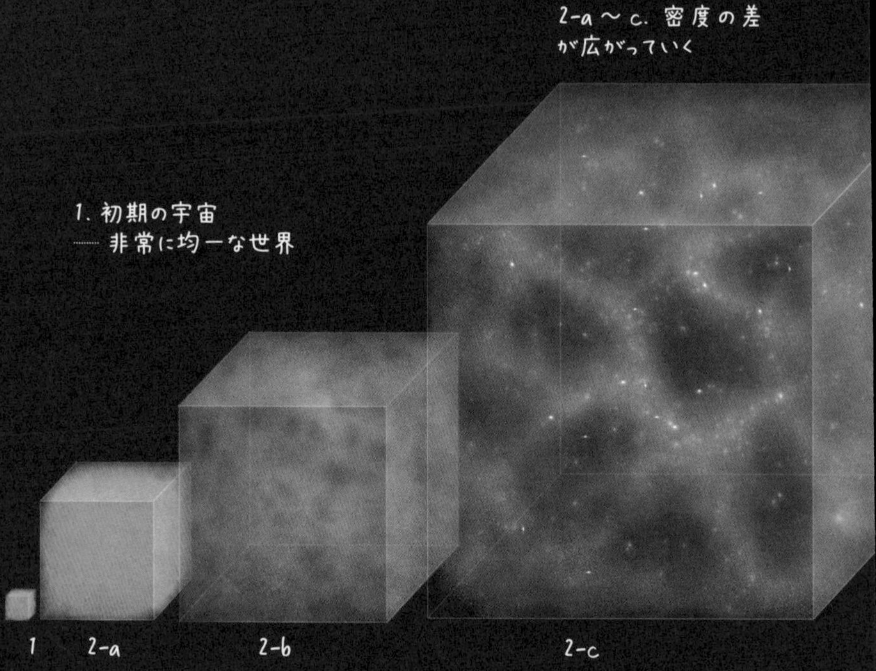

3. 現在…… 星や銀河からなる大規模構造ができる

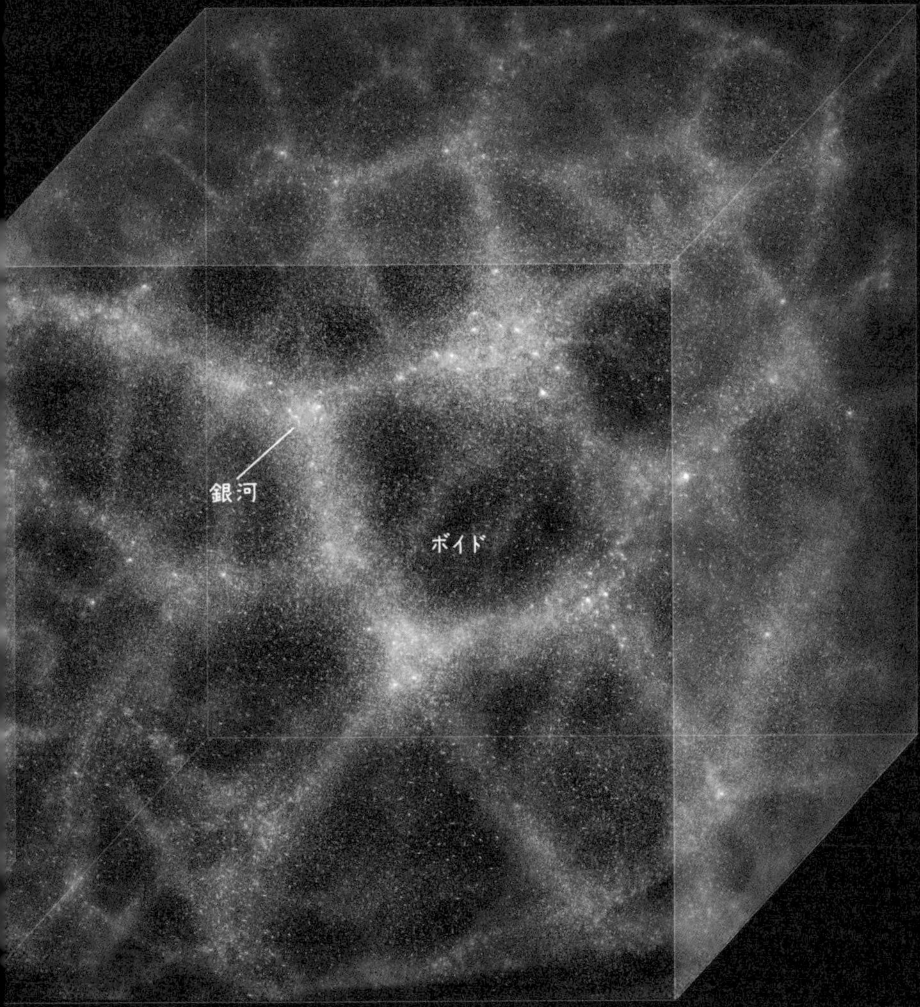


3

## ダークマターが大規模構造をつくる

先生，前のページのイラストを見ていて思ったんですけど……。大規模構造のはじまりは「物質の“むら”」で，密度と重力の関係で大規模構造へと成長していったとおっしゃっていましたよね。それはやはり**ダークマター**も関係しているわけですよね。

おおっ，　その通りです！
鋭いですね！

へへへ，ありがとうございます。236～237ページで，ダークマターのかたまりのダークハローの中で星が生まれる過程のお話がありました。星が生まれて，それが銀河になって，それが大規模構造になっていくわけですもんね。

まさにそうです。宇宙の物質とは，原子からなる“普通の物質”です。ダークマターは，実に普通の物質の5倍以上も存在しています。
**このダークマターが，大規模構造ができるときに，重要な役割をはたしたと考えられているんですよ。**

そうなんですね。

銀河の周囲には，ダークマターが球状に分布する「ダークハロー」があり，大規模構造にも同様にダークハローがあることもわかっています。つまり，ダークマターも大規模構造をつくっている要素といえます。

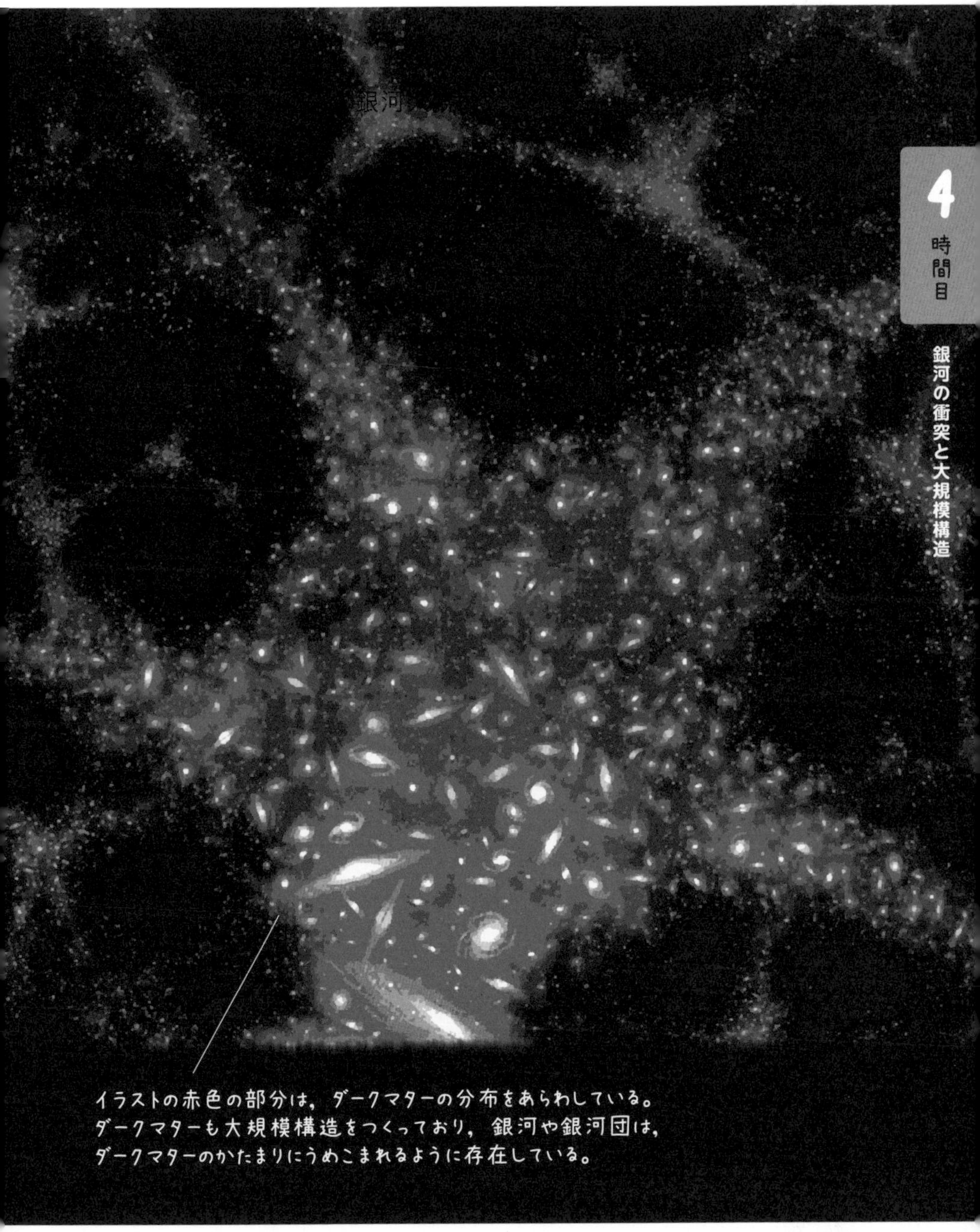

イラストの赤色の部分は，ダークマターの分布をあらわしている。
ダークマターも大規模構造をつくっており，銀河や銀河団は，
ダークマターのかたまりにうめこまれるように存在している。

さらに最近の研究により，大規模構造ができるときにダークマターがはたした**役割**がわかってきました。
それによると，**まずダークマターが先に集まりはじめ，そこに普通の物質が引き寄せられたと考えられるのです。**

むらができるのは，たまたまじゃなくて，ダークマターのおかげだったんですね！

宇宙がはじまったころは，普通の物質やダークマターはほぼ均一に広がっていましたが，ごくわずかに密度の差がありました。**この密度の差は普通の物質よりもダークマターのほうが大きかったために，まず，ダークマターが重力の作用によって集まりはじめ，それを追いかける形で普通の物質が集まっていったのです。**

なるほど～。

宇宙がはじまったころは高温の環境で，この状態では普通の物質は宇宙空間を飛びかう高いエネルギーの光（電磁波）に邪魔されて，集まれなかったようです。

へええ～！　ダークマターはなぜ集まれたんでしょう？

**ダークマターは光の影響を受けないためです。**つまり，光はダークマターをすり抜けてしまうんですね。
ですから，ダークマターだけ集まることができたんです。
こうしてダークマターのほうが先に集まりはじめたことで，まずダークマターからなる**構造**ができました。

ダークマター，無敵ですね！

そして，先に集まったダークマターの重力に引っ張られて，普通の物質が集まりはじめます。
普通の物質はどんどん集まってきて，ダークマターの大規模構造の内側に入り込んでいきます。

そして星が生まれると。

ええ。こうして，高密度に普通の物質が集まった場所で星や銀河が誕生しはじめ，大規模構造へと成長していったのです。

先生，ダークマターから星は生まれないんですか？

ダークマターは，それ自身が集まって星のような天体をつくるまでには至りません。なぜなら，**ダークマターは星ができるほど高密度になるまで集まることはできないんです。**

へえぇ……。そんな弱点というか性質があるなんて。
ダークマターはなぜ高密度になれないのですか？

普通の物質（原子などの粒子）は，熱を光のエネルギーとして放出し，放出したぶんのエネルギーを失って減速するため，集まることができます。集まるから，密度が高まるわけですね。
しかし，ダークマターはそうではありません。ダークマターの粒子は運動のエネルギーを光（電磁波）のエネルギーとして放出できないため，減速できないと考えられています。現在，大規模構造のでき方をシミュレーションすることで，この謎にせまろうとしています。

ダークマターの粒子は立ち止まれないから，集まれないんですね。

そういうことですね。
ダークマターの正体は，今のところ未発見の**素粒子**と考えられています。素粒子というのは，物質をどんどん細かく分解していって，もうそれ以上分解できない最小の粒のことで，現在では**17種類**が見つかっています。
ダークマターは，光と相互作用しませんが，周囲に重力をおよぼしたり，周囲の重力の影響を受けるという特徴があります。これまでに発見されている素粒子のうち，似たような特徴をもつ物質には**ニュートリノ**という素粒子があります。

17種類の素粒子の一つというわけですね。ダークマターの正体はニュートリノですか！

いえ，たしかに，ニュートリノが最初にダークマターの候補にあがりました。しかし，ニュートリノはダークマターではないことが明らかになってきました。

残念。なぜちがうんですか？

ニュートリノという素粒子は非常に軽く，宇宙を高速で飛んでいます。粒子は高速で飛ぶほど「高温」といえるので，ダークマターとしてのニュートリノは**ホット・ダークマター（HDM）**とよばれています。

えっ，じゃあダークマターなのでは？

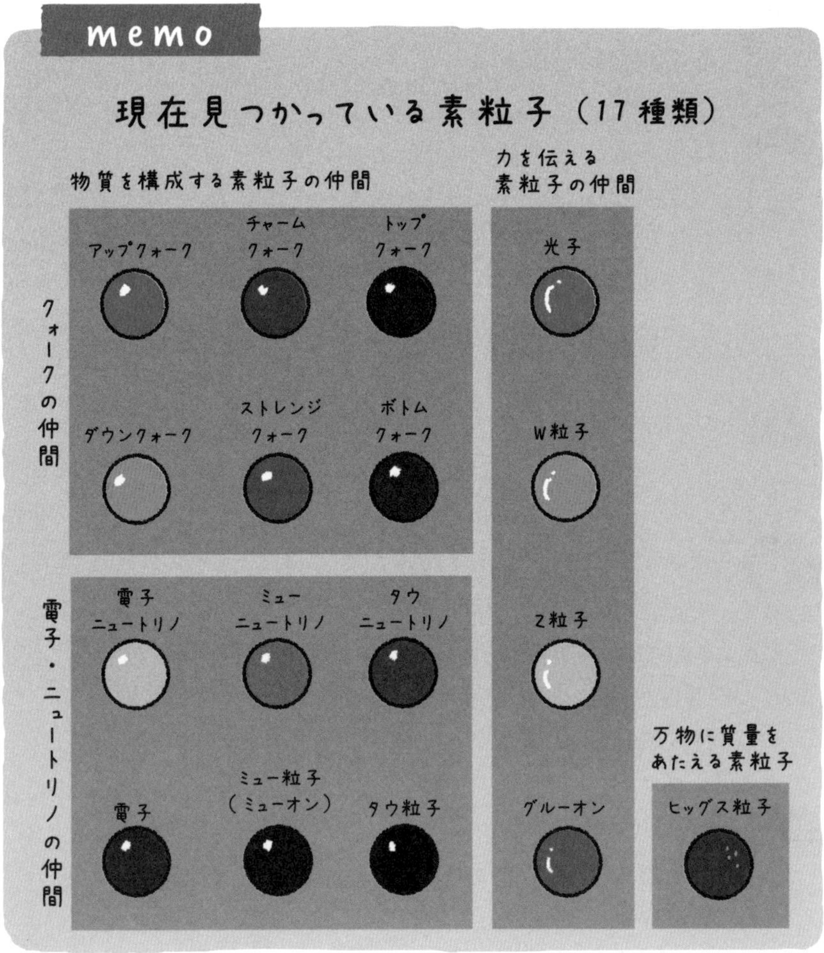

ニュートリノがダークマターであると仮定してシミュレーションすると，宇宙に銀河などの小さな構造ができるまでに時間がかかりすぎることがわかりました。そのため，ニュートリノはダークマターの候補から脱落したのです。現在では，重くて遅い**未知の素粒子**がダークマターの候補として有力視されています。

「重くて遅い」？
そんな素粒子があるんですか？

はい。遅い粒子は「低温」といえるので，このタイプのダークマターは**コールド・ダークマター（CDM）**ともよばれます。ダークマターをこのCDMとして宇宙の進化をシミュレーションすると，銀河などの小さい構造を含む大規模構造がきちんと形成されるといいます。

おおっ！　じゃあ，CDMの性質がある素粒子が，ダークマター候補ということになりますね！

そうですね。CDMの候補としては，存在が予言されている**超対称性粒子**などがあがっています。
とはいえ，一方でHDMとCDMの中間的な特徴をもつ**ウォーム・ダークマター（WDM）**も候補として検討されているのです。

「温かいダークマター」ですか。いろいろあるんですね。
ダークマターの正体がわかるには，まだまだ時間がかかりそうですね。

## 大規模構造を生んだのは宇宙の急膨張

先ほど，大規模構造は，初期宇宙の物質の密度の濃淡が成長してできたとお話ししました。そもそもその密度の濃淡は，**インフレーション**によってできたと考えられています。

え，インフレでですか？

はい。物価の継続的な上昇をさす意味のほうがおなじみかもしれませんね。インフレーションとは**膨張（inflation）**という意味で，**誕生したばかりの宇宙は想像を絶するような急激な膨張，つまりインフレーションによって，一気に拡大したと考えられているのです。**
この説を**インフレーション理論**といいます。

**想像を絶する急激な膨張!?**

はい。インフレーション理論によれば，誕生直後の宇宙は原子よりも小さく，空っぽでした。それにもかかわらず，その空間には膨大なエネルギーが満ちていたと考えられています。このエネルギーによって，宇宙はすさまじい急膨張，つまり「インフレーション」をおこしたといいます。

原子くらいの大きさが一気に急膨張を!?

ええ。ミクロな宇宙は，一気に宇宙スケールにまで拡大したんです。

え，ええ……？

具体的にいうと，1秒の1兆分の1の，1兆分の1の，さらに100億分の1（$10^{-34}$秒）ほどの間に，宇宙が1兆の1兆倍の，1兆倍の，さらに1000万倍（$10^{43}$倍）の大きさになったのです。

どっひゃ～！

まさに天文学的数字ですよね。この急激な膨張がインフレーションです。
そしてインフレーションが終わると，空間に満ちていたエネルギーをもとにして物質が生成されたのです。
しかし，インフレーション中には，場所によってわずかにエネルギーの大きさがことなっていました。それをもとにインフレーション終了後にわずかな物質の濃淡ができたというわけです。

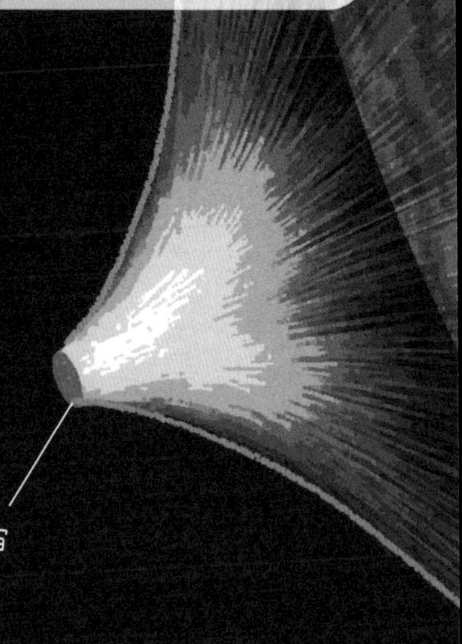

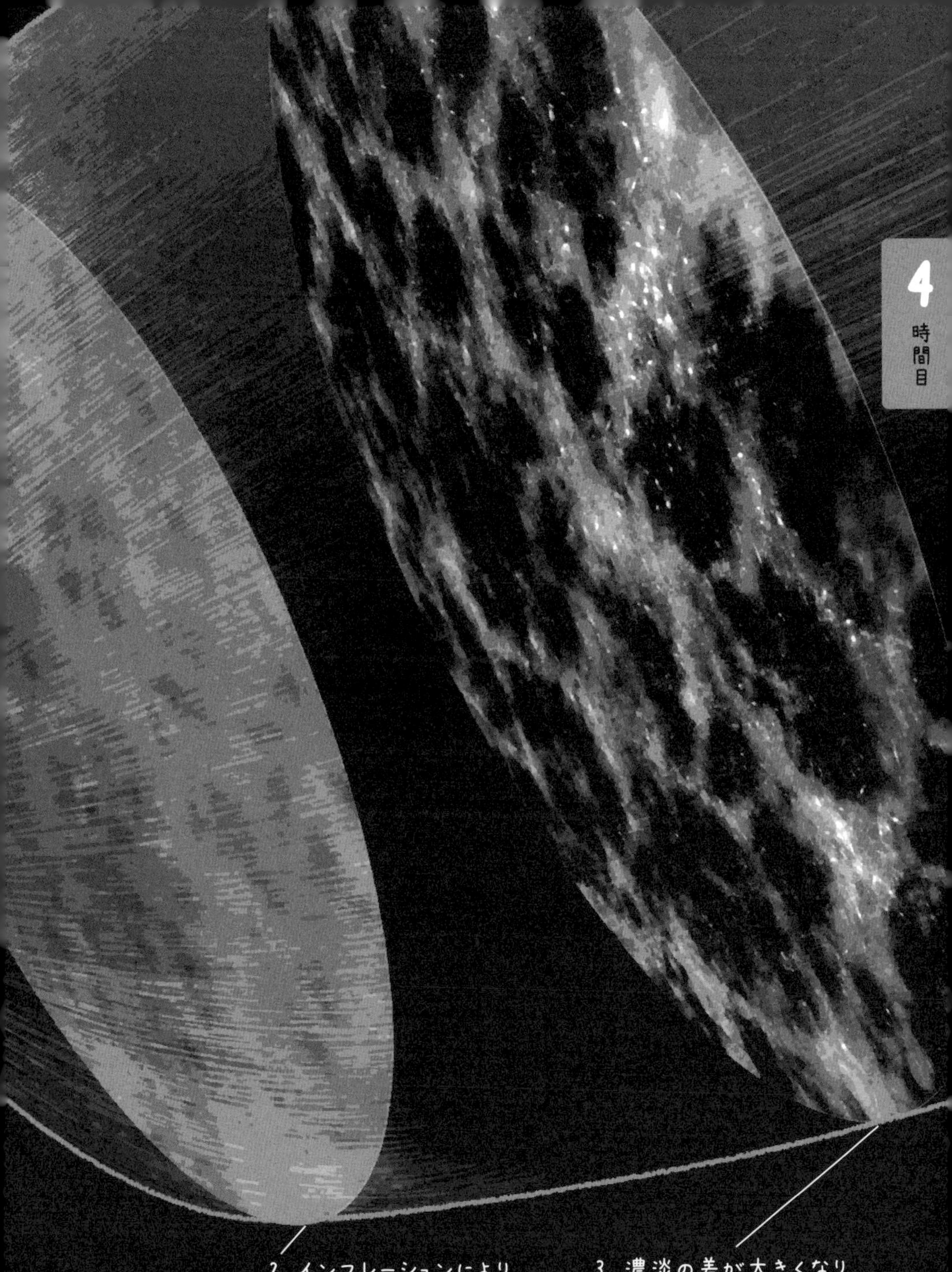
2. インフレーションにより
宇宙が急膨張
3. 濃淡の差が大きくなり，
大規模構造ができた

## 宇宙を膨張させる謎のエネルギー

実は，宇宙が将来どうなるかについても，大規模構造をくわしく観測することで知ることができると考えられています。なぜなら，宇宙の未来には，**ダークエネルギー**がかかわっているからです。

ダークエネルギーですか！
STEP1の最後でお話がありましたね。

はい。原子ほどの大きさの宇宙が一気に宇宙のスケールに膨張し，その膨張は現在も続いていることも前にお話ししましたね。

はい。ダークマターとダークエネルギーの力関係のバランスで，宇宙の未来が変わる，みたいなお話でしたね。

その通りです。
おさらいになりますが，ダークマターは銀河をまとめようとする力，ダークエネルギーは宇宙を膨張させていると考えられている未知の力です。大規模構造をくわしく観測すれば，これまでダークエネルギーが大規模構造の形成過程にどんなふうに影響をあたえてきたかがわかるのです。つまり，ダークエネルギーの性質を解明できれば，宇宙の将来が予測できるかもしれないのです。

**わー！**
もう少しで宇宙の未来までわかっちゃいそうですね。

そうなんです。
その研究について，少しお話ししましょう。
宇宙はインフレーションをおこしたあと，**減速膨張**に転じました。つまり，膨張し続けているものの，その速度は徐々に遅くなっていったのです。この減速膨張は，宇宙が誕生してから約80億年後，今から約60億年前まで続いたと考えられています。

まあ，普通はそうなりますよね。

ところが宇宙はそれ以後，速度を増しながら膨張する**加速膨張**に転じたのです。そして現在も，宇宙は加速膨張し続けていることがわかっています。

再び加速…，というところが気になりますね。

加速膨張は，1998～1999年に，**ソール・パールムッター博士**らのグループと，**ブライアン・シュミット博士**，**アダム・リース博士**らのグループがそれぞれ遠く＝昔の**超新星**をたくさん観測することでたしかめられました。超新星は，超新星爆発によって輝く天体のことで，その輝きは一つの銀河に匹敵するほどの強いものです。

超新星の観測と，宇宙の膨張が再び加速に転じたことがどうつながるのですか？

宇宙にはもともと，ダークエネルギーが充満していました。ダークエネルギーは，宇宙を加速膨張させる効果があります。一方，物質にはたがいに重力がはたらくので，膨張を減速させる効果があります。
宇宙が誕生してからしばらくは，物質が高密度に存在していたので，膨張を減速させる効果のほうがまさっていました。そのため，膨張速度は遅くなり続けていたのです。

なるほど。

ただし，減速しつつも膨張は続いていたわけです。そうなると，膨張するにしたがって物質の密度が薄くなっていき，物質の間にはたらく重力の影響が徐々に弱まっていきます。すると，今度はダークエネルギーの作用のほうが優勢になり，宇宙が加速膨張しはじめたというわけなんです。

そういうメカニズムですか。でも，宇宙が膨張していくなら，ダークエネルギーも薄くなっていったんじゃないですか？

またまたいいところに目を付けましたね！　たしかにダークマターなら，普通の物質と同じように，宇宙が膨張するのにともない，その密度は薄まっていきます。

そうでしょう。

しかし，ダークエネルギーはわけがちがうんです。
**ダークエネルギーは宇宙に均一に存在しており，宇宙が膨張しても薄まらないのです。**

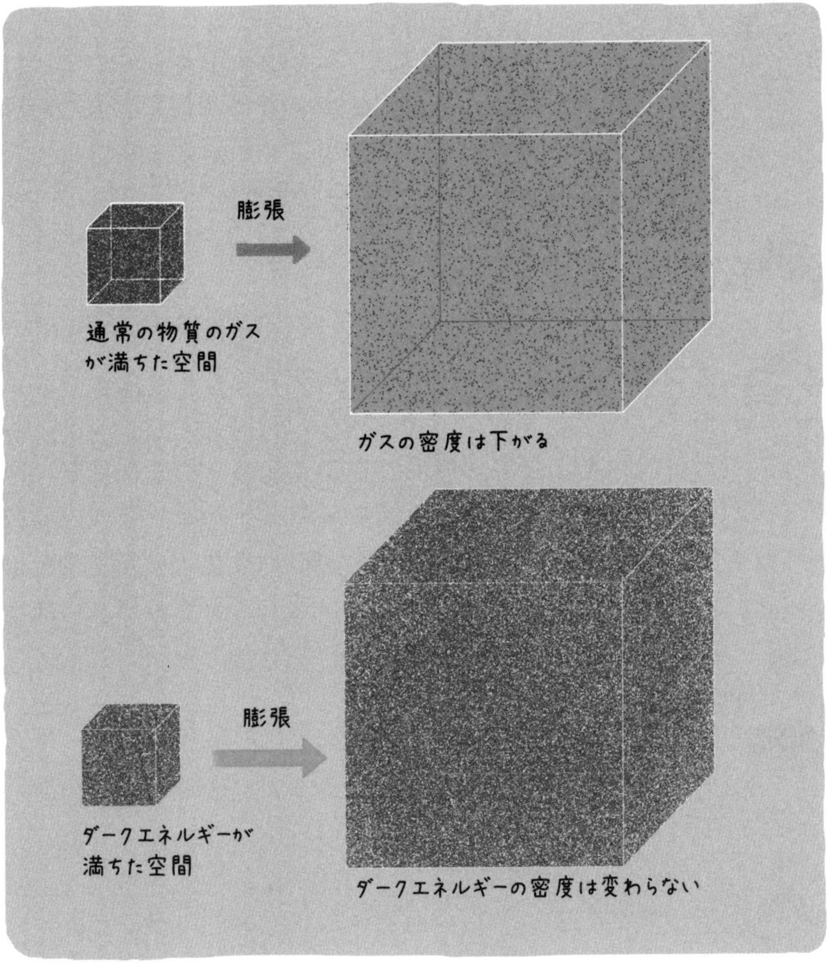


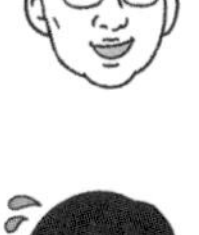

つまり，宇宙が膨張すると，物質の密度は薄まっていきますが，ダークエネルギーは空間が膨張すると，その分だけ湧いてきて，密度が変わらないのです。

ひいぃ！

宇宙が広がるにつれ，物質の密度が下がる＝宇宙を収縮させる力が弱まるのに対し，ダークエネルギーの密度は変わりませんから，宇宙が膨張するにつれ，宇宙を膨張させる効果が上回っていきます。その結果，宇宙は加速膨張するようになったというわけです。

なるほど……。

物質の質量は，エネルギーに換算して考えることができます[※1]。
この理論をもとに，宇宙に存在するあらゆる物質をエネルギーに換算してダークエネルギーと比較すると，**宇宙に存在するエネルギーのうち，69％をダークエネルギーが占め，26％がダークマター，そして普通の物質はたった5％になります[※2]。**

ひえ〜！
つ，つまり，宇宙の95％が，いまだに正体がわからないエネルギーに満ちているというわけですか。

そうです。ちなみに，60億年前に加速膨張がはじまったとするシナリオは，ダークエネルギーがまったく変化しないものだと仮定した場合です。
昔の宇宙（遠方の宇宙）は，まだ広範囲に観測されていないので，本当に60億年前に宇宙が加速膨張に転じたかどうかは，実はまだ完全にはたしかめられていないのです。

遠くの宇宙の観測データが今後もっと増えれば，宇宙の未来に対する予測もまた変わってくるかもしれないんですね。

※1：質量（m）はエネルギー（E）に変換でき，またエネルギーを質量に変換することもできます。このことは「$E=mc^2$」という式であらわされる。
※2：5％の普通の物質のエネルギーのうち，大部分はガスからなり，星をつくっている物質はわずか0.2％程度。

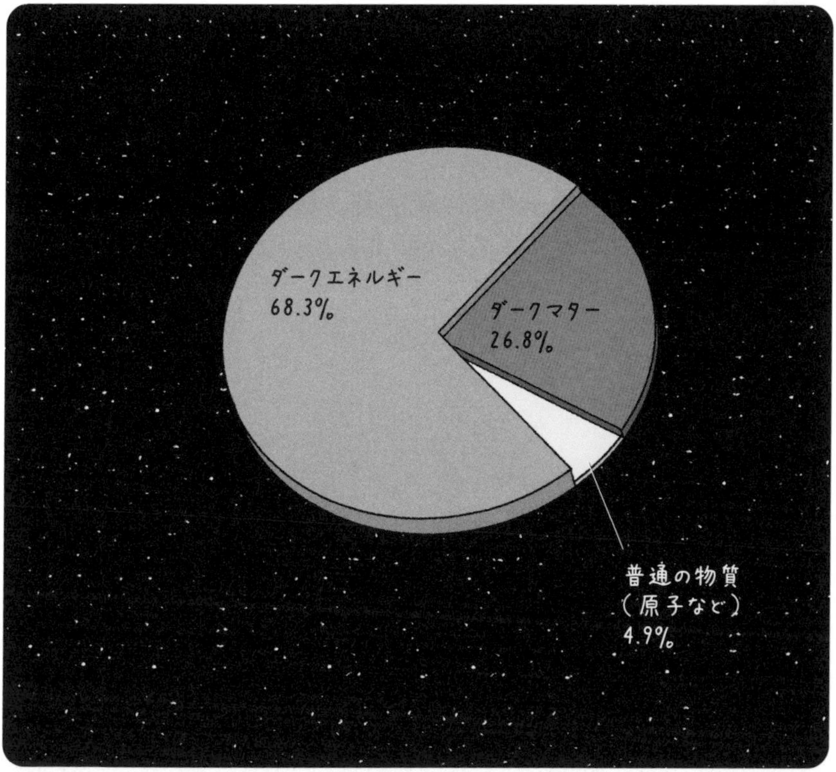

そうなんです。
だから，もしダークエネルギーが一定ではなく，変化するものだとしたら，またちがう未来が予測できます。たとえば，ダークエネルギーが大きくなり，膨張が今以上に加速していくとしましょう。
すると，宇宙空間を広げようとする作用が優勢になるので，宇宙の大規模構造はこれ以上，成長しません。

銀河が集まらなくなるんですね。

また，それだけではなく，さらに膨張が進むと，銀河団はおたがいを引き合う力を失い，ちりぢりになっていき，続いて銀河もちりぢりになる，という具合に，大きな構造からどんどん崩壊していきます。そして，**さらに加速膨張が進めば，星も，生物も，最後には原子までもがばらばらになる，と考える研究者もいます！**

げげっ！

この，すべてがばらばらになってしまうシナリオは，ビッグリップ（big rip：「大きく引き裂く」という意味）」とよばれています。

名前からしてこわすぎます！

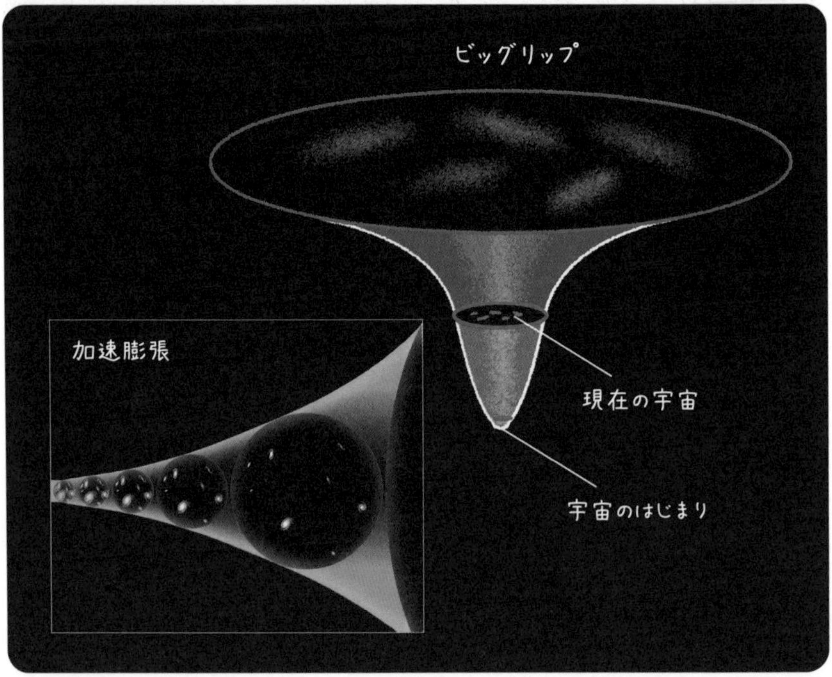

今度は逆に，ダークエネルギーが小さくなるとしましょう。すると，物質の間にはたらく重力が優勢になって，宇宙は加速膨張から減速膨張に転じます。
そして物質の密度が**臨界値**とよばれる値よりも大きくなれば，やがて，宇宙は膨張をやめ，収縮しはじめます。
**そしてついには，宇宙全体が1点に集まってつぶれてしまう可能性もあるのです。**

今度はつぶれる〜!?

はい。すべてが一カ所に集まり，宇宙が1点につぶれてしまうというこのシナリオは**ビッグクランチ**（big crunch：つぶれて砕ける」という意味）とよばれています。

それもこわいですよ！

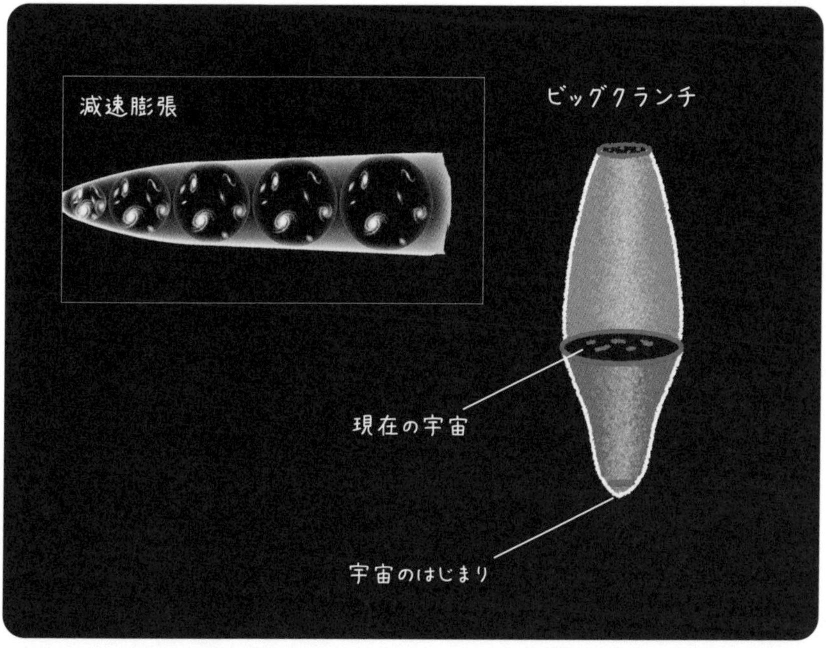

ただし，これらがおきると考えられるのは，何十億年，何百億年はるかな将来の話ですから，ひとまずご安心ください。

ああ，よかった。

## 大規模構造からダークエネルギーの性質を探る

宇宙の大規模構造の観測によって，ダークエネルギーの正体にせまることは，宇宙の謎を解き明かすことにつながっていきます。

銀河は，宇宙への扉みたいな感じですね！

その通りです。実際，そのための二つの観測計画が進められています。それが**重力レンズの観測**と，**バリオン音響振動（BAO）の観測**です。

重力レンズにバイオリン!?
いったいどんな観測計画なんですか？

ハハハ，バイオリンじゃなくて，「バリオン」です。
まず，重力レンズの観測のほうからお話ししましょう。
まず，重力レンズの観測は，**重力レンズ効果**という現象を利用する方法です。

重力レンズ効果？

はい。**地球と遠くの天体との間に重い天体がある場合，その天体の重力によって，遠くの天体からの光が曲げられて，遠くの天体の像がゆがんで見えたり，いくつにも分かれて見えたりすることがあります。これが重力レンズ効果です。**

レンズを光が通るときみたいに，重力で光が曲がるわけですか？

そうです。間にある天体が重い（重力が強い）ほど光を大きく曲げるため，像はよりゆがんで見えます。

へえぇ～。

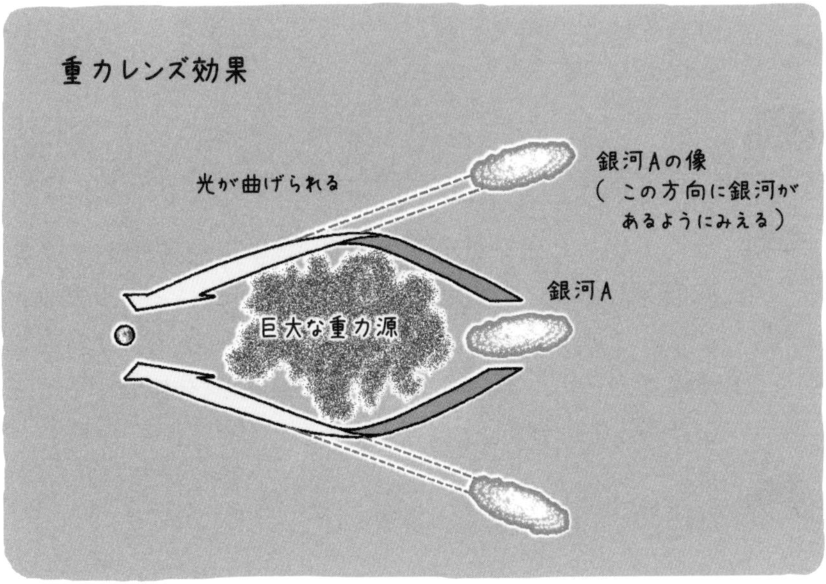

この性質を利用し，ゆがんで見える天体をたくさん観測して，それぞれのゆがみ具合を調べると，重力レンズ効果をもたらしている天体の**質量**がどれくらいなのかを調べることができるのです。

質量で何がわかるんですか？

さまざまな時代（距離）の天体の質量を調べれば，宇宙が誕生してから今日に至るまでに，どのように物質が集まって銀河や銀河団が成長していったのかを知ることができます。

そうか，遠くの宇宙ほど昔の宇宙ですからね。

そうです。そして，時間変化のしかたは，時代ごと（地球からの距離ごと）のダークエネルギーの密度によって変わるため，ダークエネルギーの性質にせまることもできるわけなんです。

なるほど。

重力レンズの観測は，東京大学の**カブリ数物連携宇宙研究機構（Kavli IPMU）**のプロジェクトがあります。このプロジェクトでは，ハワイにある，すばる望遠鏡によって，約400万個の遠方の銀河を観測することを計画しています。

**400万個**の遠くの銀河〜!?

すごいでしょう。
その観測によって，銀河の形状のゆがみから「重力レンズ効果」の影響の大きさを調べ，ダークマターの分布も割りだします。
こうして得られたダークマターや銀河の分布の時間進化から，各時代のダークエネルギーの影響を導きだそうとするものです。

膨大な数の銀河を観測するのですね……。

ポイント！

**重力レンズ効果の観測**

重力レンズ効果の影響を受けている天体を観測し，重力レンズ効果の度合いを調べて，ダークマターや銀河の分布の時間進化から，各時代のダークエネルギーの影響を探る観測方法。

では，もう一つの「バリオン音響振動の観測」は，どんな方法なんですか？

「バリオン音響振動の観測」は，宇宙のどの時代でも使える“**ものさし**”をつくり，**その“ものさし”を使って宇宙の大きさを測定し，宇宙がどんなふうに膨張してきたかを導きだそうとするものです。**

ものさし？

そうです。たとえば，遠くにある車がどれくらいはなれているか知りたいとき，あらかじめ車の大きさがわかっていれば，見かけの大きさから車までの距離を計算することができます。「バリオン音響振動の観測」はこの理屈と似た方法で，“ものさし”までの距離をはかるわけです。

ものさしって……あの定規的なものですか？

ハハハ！　本当に“ものさし“をつくるわけではありません。基準となるような，形が変わらないものを探すのです。初期宇宙には，物質が均一に分布していましたが，わずかに密度の高い領域と低い領域がありました。
**その後，この密度の濃淡は，池に波紋が広がるように，音波として宇宙空間に広がっていきました。これを「バリオン音響振動」とよびます。**

壮大なお話ですね……。

はい。そうして広がっていった密度の濃淡の音波はそのまま固定され，現在では銀河の分布のかたよりとして残っているのです。

波が固定，って枯山水のような感じですか？

まあ，そうですね。
少しむずかしいので，ざっくりとした説明ですが，物質の密度の濃淡を波紋としてとらえ，それを探しだしてものさしにするということです。波紋は見た目ではすぐにわかりませんが，**統計的な解析を行うと，銀河がまわりよりもわずかに多く集まっている領域が，現在の宇宙で見たとき，半径約4.9億光年に相当する波紋のような構造としてあらわれると考えられています。**

な，なるほど。
ともかく，サイズ4.9億光年の枯山水，じゃない波紋を探しだすということですね。

ポイント！

## バリオン音響振動の観測

初期宇宙の物質の密度の濃淡が波紋として残ったものを“ものさし”として用い，宇宙の大きさが時間とともにどのように変化してきたかを調べる方法。

そうですね。この構造を“物差し”として使うわけです。
物差しの長さは4.9億光年だとわかるわけですから，観測された見かけの大きさ（角度）を元に，その物差しまでの距離を知ることができるわけです。

距離が決められるんですね。

はい。一方，遠くの銀河からやってくる光ほど，宇宙膨張の影響を受けて波長が伸びます。
波長が長い光は赤みがかるので「赤方偏移」とよばれており（49ページ），この赤方偏移を測定すれば，その銀河が光を発した時点での宇宙の大きさ（今とくらべてどのくらい小さいか）を知ることができます。

ひゃ～！
むずかしい……。

こうして，銀河分布に見られるバリオン音響振動を測定することで，赤方偏移と距離の関係を得ることができます。**これを，ことなった距離にある銀河についてくりかえすことで，宇宙の大きさが時間とともにどのように変化してきたかを知ることができ，ひいてはダークエネルギーの性質にせまることができるのです。**

天文学って，すごいですねぇ。

**このように，銀河の分布を示す大規模構造をくわしく観測することは，ダークマターやダークエネルギーなど，宇宙論における大きな謎を解くことにつながるのです。**

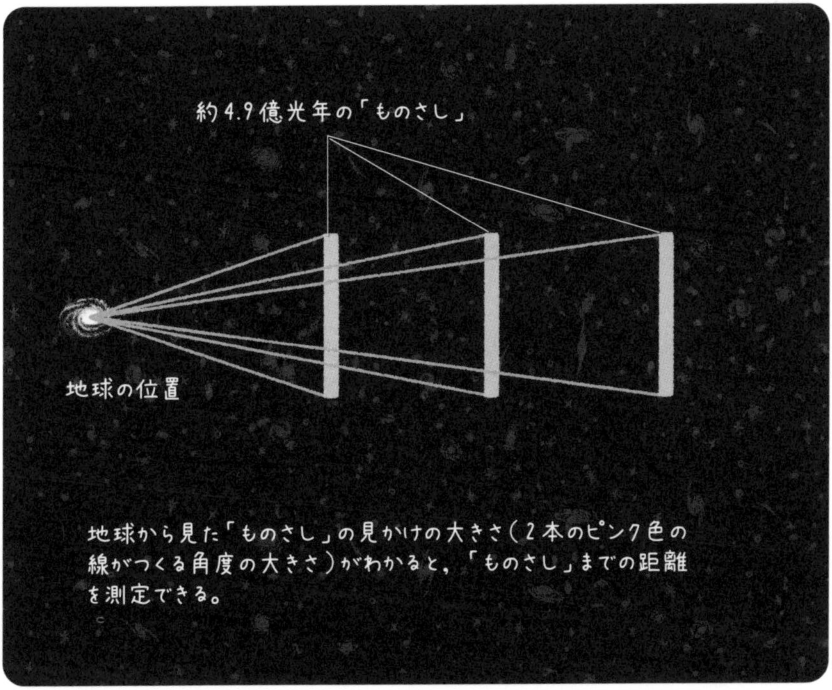

さて，銀河探訪の旅は，ここでおしまいです。
どうですか，銀河について，わかりましたか？

宇宙規模で考えると，太陽だって，数千億もの星が集まった銀河の1点にすぎないし，銀河もまた数千億もの銀河の一つだし……それに，宇宙に満ちている物質が95％未知の物質であることも衝撃でした。
天の川がきれいだったな〜，というところから，ずいぶん遠くまで連れてきていただいた気がしています。
先生，あらためて，宇宙って果てしないですね。

ふふふ，そうですね。
これから天の川を見上げたら，またちがう姿に見えるかもしれませんね。

**先生，どうもありがとうございました！**

# 索引

## A～Z


COBE ........................ 264
EHT(イベント・ホライズン・テレスコープ) ................ 147
SDSS(スローン・デジタル・スカイ・サーベイ) ............ 260
VERA(ベラ)計画 ............ 93
VLBA ........................ 146


## あ


アダム・リース博士.......... 281
天の川銀河(銀河系) ......... 15
暗黒星雲 ........................ 59
アンドレア・ゲッツ博士..... 143
アンドロメダ銀河.... 156, 159
いて座A ....................... 138
いて座A*..... 139, 148～151
いて座腕 ........................ 57
インフレーション理論 ........................ 277～279
ウィリアム・ハーシェル ........................ 30, 38-39
ウォーム・ダークマター(WDM) ........................ 276
渦巻腕........................... 55
渦巻銀河 ...........23, 41～42
宇宙の大規模構造 ...........178～179, 249, 254
宇宙マイクロ波背景放射 ... 263
腕 ................................ 23
エドウィン・ハッブル ..............35, 154, 188-189
エリック・シェン博士........ 146
オリオン座腕.................... 57


## か


ガイア ...................... 65, 93
活動銀河核.................... 142
ガリレオ・ガリレイ ............. 27
干渉計.......................... 147
カール・ジャンスキー ....... 137

カール・シュバルツシルト... 120
球状星団 ........................ 25
球状星雲 ........................ 113
局所銀河群 ...................... 158
銀河群................. 170～173
銀河団................. 170～173
クェーサー ..................... 260
雲(分子雲) ....................... 60
グレートウォール
...........180, 253, 258～259
グレートオブザバトリー計画 .. 183
グロート・リーバー........... 138
原始ガス雲 ..................... 198
原子銀河 ........................ 199
光子リング...................... 148
恒星................................ 97
恒星質量ブラックホール... 118
降着円盤 ........................ 132
黄道12星座 ..................... 94
固有運動 .......................... 98
コンプトンガンマ線観測衛星
........................................ 183
コールド・ダークマター(CDM)
...................................... 276

## さ

散開星雲 ........................ 113
散光星雲 ........................ 112
ジェームズ・ウェッブ宇宙望
遠鏡(JWST)................. 183
ジェームズ・チャドウィック.... 127
事象の地平面................. 122
シャルル・メシエ............. 157
重力崩壊 ........................ 126
重力レンズ効果 .... 288～289
重力レンズ効果の観測 .... 291
縮退圧........................... 125
小マゼラン雲 ................. 160
ジョン・ハクラ......... 180, 258
ジョン・ホイーラー........... 121
スターバースト(星形成) .. 197
スティックマン
.................180, 258～259

スピッツァー宇宙望遠鏡... 183
スプラマニアン・
チャンドラセカール ......... 125
スーパーウインド(銀河風)... 201
星雲 ................................ 34
星間ガス......................... 224
星座 ................................ 86
赤外線観測 ..................... 63
ソール・パールムッター博士... 281

## た

大質量星 ....................... 197
大マゼラン雲 ................. 160
楕円銀河 ......... 41〜42, 164
タランチュラ星雲............ 161
ダークエネルギー ........... 245
ダークハロー
......................77,235〜237
ダークマター
................ 77,93, 194, 228
チャンドラX線観測衛星... 183
中性子星 ....................... 128
超巨大ブラックホール ..... 118
超巨大楕円銀河 ............. 166
超銀河団 ............ 175〜176
超銀河団複合体 ............. 252
超新星残骸 ..................... 113
超新星爆発 ..................... 111
天球図............................. 87
電波望遠鏡 ..................... 138
電離 ..................... 112, 197
特異点............................ 122
ドップラー効果 ................ 46

## な〜は

ニュートリノ .................. 274
年周視差法 ...................... 92
白色矮星 ....................... 111
はくちょう座.................... 90
ハッブル宇宙望遠鏡 ....... 183
バリオン音響振動(BAO)
.................................... 288

バリオン音響振動の観測 ……… 293
バルジ ……… 19
伴銀河 ……… 157
ビッグクランチ ……… 287
ビッグバン理論 ……… 265
ビッグリップ ……… 286
ヒッパルコス ……… 106
ヒッパルコス衛星 ……… 92
不規則銀河 ……… 41〜42
ブライアン・シュミット博士 ……… 281
ブラックホール ……… 116
ブラックホールシャドウ ……… 147
フリッツ・ツビッキー ……… 128, 230
ペルセウス座腕 ……… 57
ボイド ……… 177
棒渦巻銀河 ……… 41
北斗七星 ……… 98
ホット・ダークマター（HDM） ……… 274

## ま

マゼラン雲 ……… 160
マゼラン電流 ……… 161
マーガレット・ゲラー ……… 180, 258
密度波理論 ……… 55
メシエカタログ ……… 157

## や〜わ

ヤン・オールト ……… 45
ラインハルト・ゲンツェル博士 ……… 143
レフ・ランダウ ……… 128
レンズ状銀河 ……… 42
連星 ……… 131
連星ブラックホール ……… 131
ロバート・オッペンハイマー ……… 128
矮小銀河 ……… 168
矮小楕円銀河 ……… 165
惑星状星雲 ……… 113

## 主な内容

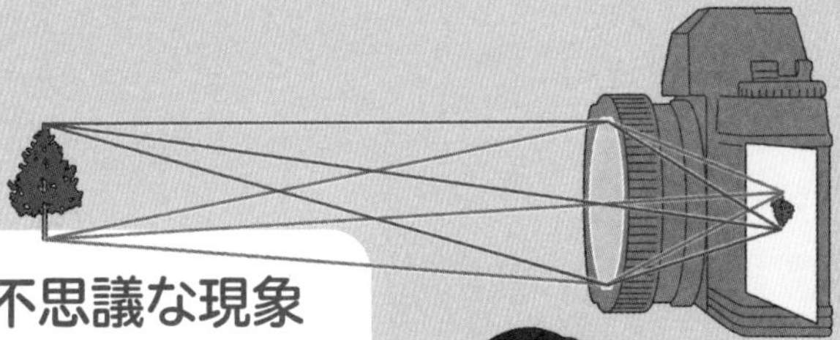

### 光が生む不思議な現象

光は折れ曲がる！
飛び散る光，重なる光

### すべての色は，3色の混ぜ合わせで決まる！

光と色の三原色を知ろう！
目の奥には，3色に対応したセンサーがある

### 光の正体を求めて

光は，とんでもなく速かった
光の正体は，波？ それとも粒子？

### 光の速さは誰から見ても変わらない！

光の速さは，常に同じ
光速を超えるのは不可能？

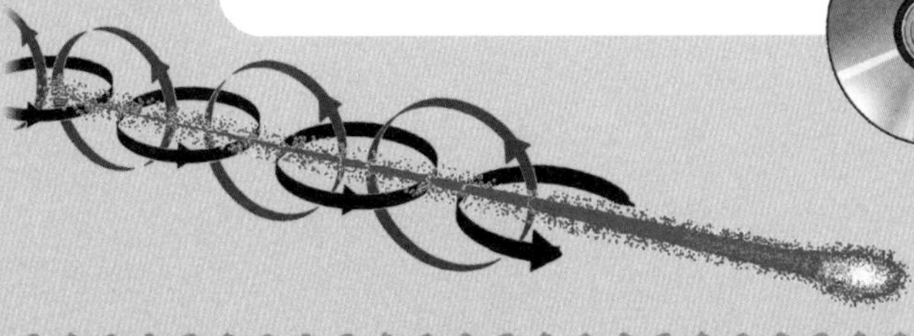

## Staff

Editorial Management　中村真哉
Editorial Staff　井上達彦，宮川万穂
Cover Design　田久保純子
Writer　小林直樹

## Illustration

表紙カバー　松井久美
表紙　松井久美
生徒と先生　松井久美
4~11　Newton Press
　羽田野乃花
13　Newton Press
14~16　松井久美
　羽田野乃花
18~23　Newton Press
24~26　羽田野乃花
27　松井久美
28　羽田野乃花
29　Newton Press
30　松井久美
31~33　羽田野乃花
35　松井久美
36~37　Newton Press
39　松井久美
40　Newton Press
45　松井久美
47~53　羽田野乃花
54　松井久美
56~57　羽田野乃花
58~60　Newton Press
61　羽田野乃花
64~65　Newton Press
　羽田野乃花
67~69　Newton Press
71~72　松井久美
74　羽田野乃花
78~79　Newton Press
81　羽田野乃花
82　松井久美
84~85　Newton Press
88~89　松井久美
90　Newton Press
91　羽田野乃花
93　松井久美
94~98　Newton Press
99~101　羽田野乃花
103　松井久美
104　Newton Press
106　松井久美
108-120　Newton Press
121　松井久美
122~128　Newton Press
　松井久美
129~135　Newton Press
137~139　松井久美
140~145　Newton Press
153　松井久美
154~180　Newton Press
　羽田野乃花
182~185　松井久美
187　羽田野乃花
189　松井久美
191~192　Newton Press
193　羽田野乃花
195　Newton Press
196~199　羽田野乃花
200~203　Newton Press
205　羽田野乃花
206~212　Newton Press
213~216　松井久美
218-219　Newton Press
221　松井久美
222~245　Newton Press
　羽田野乃花
246-261　Newton Press
263　松井久美
264~266　羽田野乃花
268~271　Newton Press
275~285　Newton Press
　松井久美
286~289　羽田野乃花
　松井久美
292~297　羽田野乃花
298~301　松井久美
302~303　羽田野乃花

## Photograph

43　NASA,ESA,and the Hubble Heritage Team (STScI/AURA), ESO, Bill Schoening,Vanessa Harvey/REU program/NOAO/AURA/NSF, NASA,ESA,and the Hubble Heritage Team (STScI/AURA), NOAO/AURA/NSF
261　Mitaka: 2005 Tsunehiko Kato, ARC and SDSS, 4D2U Project, NAOJ, Takahiko Matsubara
149~151　EHT Collaboration

監修（敬称略）：
田村元秀（東京大学大学院教授）

やさしくわかる！
文系のための 東大の先生が教える
# 銀河宇宙

2023年5月25日発行

発行人　高森康雄
編集人　中村真哉
発行所　株式会社 ニュートンプレス　〒112-0012 東京都文京区大塚3-11-6
https://www.newtonpress.co.jp/


ISBN978-4-315-52698-1